U0266503

天体力学基础

曹周键 高 健 著

科学出版社

北京

内 容 简 介

本书讲述天体力学的基本内容。具体包括二体问题、N 体问题、三体问题和摄动理论基础。另外，我们会简要介绍天体测量的基础知识并以二体问题为例讲述测量定轨(轨道计算)和轨道预报(星历表计算)。在天体测量这个比较偏天文观测的话题部分，我们把重心放在各种坐标系特点的理论介绍上。总体上，本书关注天体力学的理论和天文观测的联系。

本书可供天文、物理和数学等专业的本科生作为教材使用，也可作为相关专业的研究生、科研人员的参考书。高等数学是读懂本书的前修知识。如果读者已经具有较好的理论力学和常微分方程基础，本书将帮助读者完成抽象理论与实际天体系统的具体联系。

图书在版编目（CIP）数据

天体力学基础 / 曹周键，高健著. -- 北京 ：科学出版社，2024. 11.
ISBN 978-7-03-079682-0

Ⅰ．P13

中国国家版本馆 CIP 数据核字第 2024CC6340 号

责任编辑：刘凤娟　郭学雯 / 责任校对：彭珍珍
责任印制：赵　博 / 封面设计：无极书装

科 学 出 版 社 出版

北京东黄城根北街 16 号
邮政编码：100717
http://www.sciencep.com

三河市骏杰印刷有限公司印刷
科学出版社发行　各地新华书店经销

*

2024 年 11 月第 一 版　开本：720×1000　1/16
2024 年 11 月第一次印刷　印张：10
字数：200 000

定价：79.00 元
(如有印装质量问题，我社负责调换)

前　言

天体力学是自然科学中发展最早的一门学科。天体力学引发了微积分、力学和基础物理学等自然科学的发展。天体力学除了具有帮助天文观测和解释天文观测现象等基础自然科学的功能外，它还典型地作为深空航天、卫星、导弹等当前高精尖技术的理论基础。在强引力场情况下，天体力学还必须考虑广义相对论，也就是当前相对论性天体力学的前沿学科方向。所以说，天体力学不仅是一个古老的学科，同时也是经久不衰、充满活力的学科，还是与应用高度关联的学科。

已有的天体力学参考书基本可以分成两大类。一类是高度理论化，描述方式非常严格，形同数学定义–定理的模式。另一类是过分偏重天文观测，对理论基础一带而过，基本就是讲故事模式。这两种模式都有各自的优点和特点。但缺点是让读者自身去联系和体会从基础理论到具体天体系统的关系。

本书作者长期为北京师范大学天文学专业的本科生讲授《天体力学基础》课程。北京师范大学天文系本科生的基础理论课同物理系学生一样，如果我们的天体力学课还走高度理论化的路线，那只有两个后果，要么重复理论力学的内容；要么成为研究生的高级天体力学课程。在天文观测方面，北京师范大学天文系的本科生更修过很多重要和有趣的观测类课程。如果我们再给同学们讲故事，那无疑是浪费大家时间。鉴于此种情况，我们把课程重心放到天体力学理论和天文观测的联系上，力求给学生点破理论如何指导和预言观测以及观测如何引导理论的发展。

在 2018 年以前，我们使用 PPT 进行课堂教学。PPT 的内容已迭代更新五个以上版本。2018 年以后我们以 PPT 为基础编写讲义，2019 年开始该讲义供同学们学习使用。随后根据教学情况和学生反馈情况，不断改进。到 2023 年 6 月，我们的讲义已完成五次修订。使用范围包括五届天文系的本科生和若干外系旁听课程的本科生。

受我们讲义的启发，清华大学的本科生马思政同学 2018 年在其毕业设计中特别关注球函数相关性质。马思政抓住这些基本概念的关键，同时与引力波天文学的研究前沿联系，深入研究了双星并合引力波的空间定位问题。相应研究结果发表在国际著名期刊 *Physical Review D* 上。各种参考系、坐标系的变换关系以附录的形式呈现在该文章中，受到审稿人的好评。该研究结果还成为我们课题组 2022 年发表在 *Physical Review Letters* 上关于椭圆轨道双星并合引力波重要成果的基础之一。

天体力学是天文学专业的基础课。现有的常见中文教材包括 1987 年北京师范大学的《天体力学和天文动力学》、1993 年南京大学的《天体力学基础》、1998 年南京大学的《天体力学方法》和 2015 年中国科学院紫金山天文台李广宇教授的《天体测量和天体力学基础》。南京大学和北京师范大学是国内最早开设天体力学教学的科研教学机构。中国科学院紫金山天文台的天体力学主要受南京大学影响，我们可以简称其和南京大学为南派；北京师范大学相对独立，我们可以简称其北派。南派的天体力学教科书以 "广和博" 为其特点，北派的天体力学教科书以 "精和透" 为其特点。实际上，"精和透" 是北京师范大学物理学和天文学半个世纪以来形成的教学特点。梁灿彬教授、裴寿庸教授、史天一教授等都是这个特点的代表老师，代表性教材包括《电磁学》和上述的《天体力学和天文动力学》等。

1987 年我校出版的《天体力学和天文动力学》已显老旧。针对现在学科发展情况和本科生知识背景情况我们编写这本《天体力学基础》教材。在写作风格上，第一，我们努力继承北京师范大学物理天文学 "精和透" 的教学特点。第二，我们努力把理论力学知识同天体力学讲解联系起来，打通理论基础和天文应用的通道。第三，我们努力把最前沿的科学研究，比如地球重力场反演、N 体问题中心构型等科学问题同教学知识点联系起来。概括起来说，我们这本《天体力学基础》教材将具有 "精"(专挑关键的和基础的来讲)、"通"(密切联系基础理论和实际应用以及科研前沿)、"透"(相关知识点要么不讲，要讲就讲透) 的特点。

本书作者曹周键教授具有丰富的研究经验，主持过国家自然科学基金优秀青年科学基金、重大项目子课题、科技部重点研发计划项目。同时曹周键具有丰富的天体力学教学经验，他已连续五年教授天体力学课程。本书具有逻辑严密、讲授清楚的特点，深受学生们好评。在本科同学自制的短视频《天文学是什么》中，该课程是唯一出现的一个基础课程。本书作者高健教授是天文系资深教授，也是天体力学领域的专家，同时他也具有丰富的天体力学教学经验，他连续教授过十年以上的天体力学课程。

本书的出版得到了北京师范大学 "高等教育领域教材建设项目" 的资助。在讲义修订过程中，安嘉辰、孙文和李金霖等同学指出并更正文稿中的若干错误。我们对他们一并表达感谢。

曹周键　高　健

2023 年 12 月 20 日

目　　录

第 1 章 绪　　论

1.1　天体力学简介

粗略地分，天文学包括**天体测量学**、**天体力学**和**天体物理学**。天体力学是研究天体的受力、运动和形状变化以及三者间关系的学科[1-3]。天体测量学和天体力学合在一起被称为 "天力天测"，是天文学的一个二级学科。天体物理学是天文学的另一个二级学科。

天体是指宇宙空间中的物质或者说物体。力是指影响天体运动的相互作用。运动是指天体在宇宙空间中的位置变化及其形态变化。具体地，天体的运动是指天体质量中心在空间轨道的移动和绕质量中心的转动 (自转)。确定天体的运行轨道、编制星历表以及计算质量并根据它们的自转确定天体的形状等都是天体力学的任务范围。

天体力学以数学为研究手段。它的研究内容包括二体问题、三体问题、N 体问题、摄动理论、天体形状和自转理论，以及有关天体运动的定性理论和数值方法。天体力学还和天体测量学、星系力学、天体动力演化论、天体物理学等密切相关。

相对论的出现，给经典天体力学以重要修正。广义相对论的影响已超出本书的范围。通过广义相对论把天体力学和天体物理学结合起来形成相对论天体力学[4]，但本书不涉及。

1.2　天体力学的研究对象

天体是天体力学的研究对象。太阳系中的天体离我们近，人们对他们的观测比较细致。它们是天体力学重要的研究对象，包括大行星、小行星、彗星、卫星、行星环、地月系和柯伊伯带等。传统的天体力学所涉及的天体主要是太阳系内的天体，20 世纪 50 年代以后也包括人造天体。

受寻找地外生命动机的驱动，太阳系外行星也是天体力学重要的研究对象，主要是一些成员不多 (几个到几百个) 的恒星系统。

受宇宙学发展的影响，与宇宙大尺度结构形成演化问题相关的星系动力学也是天体力学重要的研究课题。

1.3　天体力学的发展简史

　　天体运动的描述经历了从地心说到日心说，再从牛顿运动定律到爱因斯坦广义相对论的发展历程。地心说朴素、自然，与观测直接简单对应。地心说的运动学描述理论是托勒密的本轮–均轮理论。托勒密的本轮–均轮理论是人类历史上第一个运动学描述理论。日心说与开普勒行星运动三大定律紧密联系，形成运动学描述的比本轮–均轮理论简单、漂亮得多的运动学描述理论。

　　基于开普勒运动定律，牛顿提出了平方反比万有引力定律，解释了天体运动形式产生的原因。牛顿的万有引力定律成为了人类历史上第一个动力学理论。万有引力定律和日心说运动学描述理论一起组成了描述天体运动的第一套完整的天体力学理论。牛顿把这套天体力学理论抽象化得到牛顿三大运动定律，成为人类历史上第一套描述自然规律的完整动力学理论体系。这是人类文明发展史上从特殊到一般的典型例子。牛顿的动力学理论体系现在不仅深入到自然科学的每个角落，而且很多社会科学的定量描述形式也借用该动力学理论体系。

　　基于牛顿的动力学理论体系，人们解释并预言了哈雷彗星、海王星等。这让牛顿的动力学理论体系成为自然科学的典范。解释和预言自然现象成为人们对自然科学理论的核心要求。之后人们一度认为天体运动的问题只是求解牛顿运动方程而已。为了求解牛顿运动方程，人们发展了非线性天体力学、天体力学摄动理论、天体力学定性理论和天体力学数值方法等。

　　但水星近日点的进动是牛顿万有引力定律无法定量解释的天体运动现象。在人们努力寻找牛顿动力学理论框架下可能藏着的细节时，爱因斯坦修改牛顿万有引力定律得到广义相对论，成功解释水星近日点的进动。随后广义相对论预言光线偏折等天体运动现象并被观测检验。这让爱因斯坦的广义相对论成为人类第二套完整的天体力学理论。但它只限于描述天体运动现象，还不是普适的描述自然规律的完整动力学理论体系。但不同于万有引力定律来自丰富观测数据的提炼，爱因斯坦的广义相对论来自几乎纯理论思辨，成为人类历史上理论物理的典范。发展到现在，广义相对论遇到的暗物质、暗能量等困难，推动着自然科学继续往前发展，但本书不涉及这部分内容。

1.4　矢量运算和场运算回顾

$$\boldsymbol{A} \cdot \boldsymbol{B} = AB \cos \alpha_{AB} \tag{1.1}$$

$$\boldsymbol{A} \times \boldsymbol{B} = \hat{n} AB \sin \alpha_{AB}$$

$$= (\hat{i}A_x + \hat{j}A_y + \hat{k}A_z) \times (\hat{i}B_x + \hat{j}B_y + \hat{k}B_z)$$

$$= \hat{i}(A_yB_z - A_zB_y) + \hat{j}(A_zB_x - A_xB_z) + \hat{k}(A_xB_y - A_yB_x) \tag{1.2}$$

$$\boldsymbol{A} \cdot (\boldsymbol{B} \times \boldsymbol{C}) = \boldsymbol{B} \cdot (\boldsymbol{C} \times \boldsymbol{A}) = \boldsymbol{C} \cdot (\boldsymbol{A} \times \boldsymbol{B}) \tag{1.3}$$

$$\boldsymbol{A} \times (\boldsymbol{B} \times \boldsymbol{C}) = \boldsymbol{B}(\boldsymbol{A} \cdot \boldsymbol{C}) - \boldsymbol{C}(\boldsymbol{A} \cdot \boldsymbol{B}) \tag{1.4}$$

梯度

$$\nabla \equiv \left(\frac{\partial}{\partial x}, \frac{\partial}{\partial y}, \frac{\partial}{\partial z} \right) = \hat{i}\frac{\partial}{\partial x} + \hat{j}\frac{\partial}{\partial y} + \hat{k}\frac{\partial}{\partial z} \tag{1.5}$$

$$\nabla u = \hat{i}\frac{\partial u}{\partial x} + \hat{j}\frac{\partial u}{\partial y} + \hat{k}\frac{\partial u}{\partial z} \tag{1.6}$$

散度

$$\nabla \cdot \boldsymbol{A} = \frac{\partial A_x}{\partial x} + \frac{\partial A_y}{\partial y} + \frac{\partial A_z}{\partial z} \tag{1.7}$$

$$\nabla^2 \varphi = \nabla \cdot \nabla \varphi = \frac{\partial^2 \varphi}{\partial x^2} + \frac{\partial^2 \varphi}{\partial y^2} + \frac{\partial^2 \varphi}{\partial z^2} \tag{1.8}$$

旋度

$$\nabla \times \boldsymbol{A} = \begin{vmatrix} \hat{i} & \hat{j} & \hat{k} \\ \dfrac{\partial}{\partial x} & \dfrac{\partial}{\partial y} & \dfrac{\partial}{\partial z} \\ A_x & A_y & A_z \end{vmatrix} = \hat{i}\left(\frac{\partial A_z}{\partial y} - \frac{\partial A_y}{\partial z} \right)$$

$$+ \hat{j}\left(\frac{\partial A_x}{\partial z} - \frac{\partial A_z}{\partial x} \right) + \hat{k}\left(\frac{\partial A_y}{\partial x} - \frac{\partial A_x}{\partial y} \right) \tag{1.9}$$

$$\nabla \cdot (\nabla \times \boldsymbol{A}) = 0 \tag{1.10}$$

$$\nabla \times (\nabla \times \boldsymbol{A}) = \nabla(\nabla \cdot \boldsymbol{A}) - \nabla^2 \boldsymbol{A} \tag{1.11}$$

1.5 坐标系变换回顾

我们举一个坐标系旋转的例子来理解一下坐标变换。如图 1.1 所示，把不带撇的坐标系 $(\hat{e}_x, \hat{e}_y)$ 绕 z 轴旋转 $90°$ 得到带撇的坐标系 $(\hat{e}'_x, \hat{e}'_y)$。我们来理解一下这个转动。直接根据矢量展开的关系，有

$$\hat{e}'_x = \hat{e}_y = \cos 90° \hat{e}_x + \sin 90° \hat{e}_y \tag{1.12}$$

$$\hat{e}'_y = -\hat{e}_x = -\sin 90° \hat{e}_x + \cos 90° \hat{e}_y \tag{1.13}$$

等价地，上述关系可以表达为

$$
\begin{aligned}
\left(\hat{e}'_x, \hat{e}'_y\right) &= \left(\hat{e}_x, \hat{e}_y\right) \begin{pmatrix} 0 & -1 \\ 1 & 0 \end{pmatrix} \\
&= \left(\hat{e}_x, \hat{e}_y\right) \begin{pmatrix} \cos 90° & -\sin 90° \\ \sin 90° & \cos 90° \end{pmatrix} \\
&= \left(\hat{e}_x, \hat{e}_y\right) R_z(-90°)
\end{aligned} \tag{1.14}
$$

我们再来看同一矢量在两个不同坐标系下的分量。比如矢量 $\hat{e}_x$ 分别在不带撇和带撇坐标系下的分量为 $(1,0)$ 和 $(0,-1)$。可以检验，我们有关系

$$
\begin{pmatrix} 0 \\ -1 \end{pmatrix} = \begin{pmatrix} 0 & 1 \\ -1 & 0 \end{pmatrix} \begin{pmatrix} 1 \\ 0 \end{pmatrix} = \begin{pmatrix} \cos 90° & \sin 90° \\ -\sin 90° & \cos 90° \end{pmatrix} \begin{pmatrix} 1 \\ 0 \end{pmatrix} = R_z(90°) \begin{pmatrix} 1 \\ 0 \end{pmatrix} \tag{1.15}
$$

也就是说，同一个矢量在不带撇坐标系下的分量转动 90° 后变成带撇坐标系的分量。

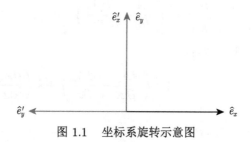

图 1.1　坐标系旋转示意图

对于一般的转动变换我们有

$$
\begin{pmatrix} v'^x \\ v'^y \\ v'^z \end{pmatrix} = R(\Theta) \begin{pmatrix} v^x \\ v^y \\ v^z \end{pmatrix} \tag{1.16}
$$

根据上面的这些关系，我们会注意到坐标基底变换的时候写成行向量，坐标分量变换的时候写成列向量，变换矩阵互为逆矩阵或者说互为矩阵转置。这是因

为关系

$$\boldsymbol{v} = \sum_{i=1}^{3} v_i \hat{e}_i = \left(\hat{e}_x, \hat{e}_y, \hat{e}_z \right) \begin{pmatrix} v^x \\ v^y \\ v^z \end{pmatrix} = \left(\hat{e}_x, \hat{e}_y, \hat{e}_z \right) R(-\Theta) R(\Theta) \begin{pmatrix} v^x \\ v^y \\ v^z \end{pmatrix}$$

$$= \left(\hat{e}'_x, \hat{e}'_y, \hat{e}'_z \right) \begin{pmatrix} v'^x \\ v'^y \\ v'^z \end{pmatrix} \tag{1.17}$$

等价地，如果我们也用列向量来表达坐标基底的变换，则有

$$\begin{pmatrix} \hat{e}'_x \\ \hat{e}'_y \\ \hat{e}'_z \end{pmatrix} = R(\Theta) \begin{pmatrix} \hat{e}_x \\ \hat{e}_y \\ \hat{e}_z \end{pmatrix} \tag{1.18}$$

也就是说，如果都用列向量表达，坐标基底变换和坐标分量变换对应的变换矩阵是同一个。

具体地，我们有旋转矩阵

$$R_x(\theta) \equiv \begin{pmatrix} 1 & 0 & 0 \\ 0 & \cos\theta & \sin\theta \\ 0 & -\sin\theta & \cos\theta \end{pmatrix} \ y \to z,\ \text{所以 23 分量为正} \tag{1.19}$$

$$R_y(\theta) \equiv \begin{pmatrix} \cos\theta & 0 & -\sin\theta \\ 0 & 1 & 0 \\ \sin\theta & 0 & \cos\theta \end{pmatrix} \ z \to x,\ \text{所以 31 分量为正} \tag{1.20}$$

$$R_z(\theta) \equiv \begin{pmatrix} \cos\theta & \sin\theta & 0 \\ -\sin\theta & \cos\theta & 0 \\ 0 & 0 & 1 \end{pmatrix} \ x \to y,\ \text{所以 12 分量为正} \tag{1.21}$$

对应宇称变换，我们有反向矩阵

$$P_x \equiv \begin{pmatrix} -1 & 0 & 0 \\ 0 & 1 & 0 \\ 0 & 0 & 1 \end{pmatrix} \tag{1.22}$$

$$P_y \equiv \begin{pmatrix} 1 & 0 & 0 \\ 0 & -1 & 0 \\ 0 & 0 & 1 \end{pmatrix} \tag{1.23}$$

$$P_z \equiv \begin{pmatrix} 1 & 0 & 0 \\ 0 & 1 & 0 \\ 0 & 0 & -1 \end{pmatrix} \tag{1.24}$$

作业

1. 简述牛顿三大运动定律。

2. 记 $r \equiv x\hat{i} + y\hat{j} + z\hat{k}$, 证明

(a) $(a \times b) \cdot (c \times d) = (a \cdot c)(b \cdot d) - (a \cdot d)(b \cdot c)$。

(b) $\nabla \cdot r = 3$。

(c) $\nabla \times r = 0$。

第 2 章　二体问题

2.1　二阶常微分方程回顾

二阶常微分方程可以通记为 $F(x, y, y', y'') = 0$。

最简单的情形 $y'' = f(x)$，我们可以通过两次不定积分来求解：

$$y' = \int f(x)\mathrm{d}x + C_1 \tag{2.1}$$

$$y = \int \left[\int f(x)\mathrm{d}x + C_1 \right] \mathrm{d}x + C_2 \tag{2.2}$$

次简单情形　　　$y'' = f(y)$

$$2y''\mathrm{d}y = 2f(y)\mathrm{d}y \tag{2.3}$$

$$2\frac{\mathrm{d}y'}{\mathrm{d}x}\mathrm{d}y = 2f(y)\mathrm{d}y \tag{2.4}$$

$$2\mathrm{d}y'\frac{\mathrm{d}y}{\mathrm{d}x} = 2f(y)\mathrm{d}y \tag{2.5}$$

$$2y'\mathrm{d}y' = 2f(y)\mathrm{d}y \tag{2.6}$$

$$\mathrm{d}(y')^2 = 2f(y)\mathrm{d}y \tag{2.7}$$

$$(y')^2 = 2\int f(y)\mathrm{d}y + C_1 \tag{2.8}$$

$$y' = \pm\sqrt{2\int f(y)\mathrm{d}y + C_1} \tag{2.9}$$

$$\frac{\mathrm{d}y}{\sqrt{2\int f(y)\mathrm{d}y + C_1}} = \pm\mathrm{d}x \tag{2.10}$$

$$\int \frac{\mathrm{d}y}{\sqrt{2\int f(y)\mathrm{d}y + C_1}} = \pm x + C_2 \tag{2.11}$$

再一个特殊情形是 $y'' = f(y')$，假设 $y' = g(x)$ 则有

$$g' = f(g) \tag{2.12}$$

$$\frac{\mathrm{d}g}{f(g)} = \mathrm{d}x \tag{2.13}$$

$$\int \frac{\mathrm{d}g}{f(g)} = x + C_1 \tag{2.14}$$

同时我们有

$$y = \int g(x, C_1)\mathrm{d}x + C_2 \tag{2.15}$$

在我们天体力学课中常遇到的是二阶线性常微分方程，形式上可写为

$$y'' + P_1(x)y' + P_2(x)y = f(x) \tag{2.16}$$

我们会把

$$y'' + P_1(x)y' + P_2(x)y = 0 \tag{2.17}$$

称作它对应的二阶线性**齐次**常微分方程。在后续的课程中我们会看到二体问题的运动方程就是二阶线性齐次常微分方程，而二体问题的摄动对应的就是二阶线性非齐次常微分方程。

2.2　椭圆相关概念回顾

椭圆长半轴为 a，短半轴为 b，焦点离中心的距离为 c。三者关系 $a^2 = b^2 + c^2$。椭圆上的点到焦点和到准线的距离之比等于离心率。准线离中心的距离为 $\frac{a^2}{c}$。椭圆离心率为 $e = \frac{c}{a}$。通径是过焦点并垂直于轴的弦长。通径又叫做正焦弦。半通径为 p，即通径的一半，$p = a(1 - e^2)$。焦点与准线之间的距离，即焦准距为 $\frac{p}{e}$。

2.3　有心力对应的比耐公式

有心力情形下，力和加速度都只有径向分量。所以其牛顿运动方程为

$$F = ma_r = m(\ddot{r} - r\dot{\theta}^2) \tag{2.18}$$

因为是有心力，所以角动量守恒。

$$L = mh = mr^2\dot{\theta} \tag{2.19}$$

在运动过程中保持常数。这里我们引入了记号 h 代表单位质量的角动量。

我们引入变量 $u \equiv \dfrac{1}{r}$，则有

$$
\begin{aligned}
\dot{r} &= \frac{\mathrm{d}r}{\mathrm{d}u} \cdot \frac{\mathrm{d}u}{\mathrm{d}t} \\
&= -\frac{1}{u^2} \cdot \frac{\mathrm{d}u}{\mathrm{d}\theta} \cdot \frac{\mathrm{d}\theta}{\mathrm{d}t} \\
&= -\dot{\theta} r^2 \frac{\mathrm{d}u}{\mathrm{d}\theta} \\
&= -h \frac{\mathrm{d}u}{\mathrm{d}\theta}
\end{aligned}
\tag{2.20}
$$

$$
\begin{aligned}
\ddot{r} &= -h \frac{\mathrm{d}}{\mathrm{d}t} \left(\frac{\mathrm{d}u}{\mathrm{d}\theta} \right) \\
&= -h \frac{\mathrm{d}}{\mathrm{d}\theta} \left(\frac{\mathrm{d}u}{\mathrm{d}\theta} \right) \frac{\mathrm{d}\theta}{\mathrm{d}t} \\
&= -h \frac{\mathrm{d}^2 u}{\mathrm{d}\theta^2} \dot{\theta} \\
&= -h \frac{\mathrm{d}^2 u}{\mathrm{d}\theta^2} \frac{h}{r^2} \\
&= -h^2 u^2 \frac{\mathrm{d}^2 u}{\mathrm{d}\theta^2}
\end{aligned}
\tag{2.21}
$$

把这些结果代回到 (2.18)，我们得到

$$
-m h^2 u^2 \frac{\mathrm{d}^2 u}{\mathrm{d}\theta^2} - m u^3 h^2 = F
\tag{2.22}
$$

这就是有心力对应的比耐公式。它实际上联系有心力大小与轨道形状。比如说，如果力的大小作为位置的函数已知，则可通过求解上述关于轨道形状的常微分方程得到轨道形状。反过来，如果轨道形状，也即 u 关于 θ 的函数形式已知，代入上式便可求得力的大小作为位置的函数。

2.4 开普勒三大运动定律

开普勒运动定律描述的是太阳系中行星绕太阳的运动规律。

• 开普勒第一运动定律

行星绕太阳的轨道为椭圆，太阳位于椭圆的一个焦点上

$$
r = \frac{p}{1 + e \cos(\theta - \theta_0)}
\tag{2.23}
$$

- 开普勒第二运动定律

行星沿其轨道在 δt 时间内扫过的面积如图 2.1 所示。

$$\delta A \approx \frac{1}{2}r(r+\delta r)\sin(\delta\theta) \approx \frac{1}{2}r^2\delta\theta \tag{2.24}$$

行星位置的径向矢量在相等时间内扫过的面积相等意味着

$$\frac{\mathrm{d}A}{\mathrm{d}t} = \frac{1}{2}r^2\frac{\mathrm{d}\theta}{\mathrm{d}t} \tag{2.25}$$

$$r^2\dot{\theta} = h \tag{2.26}$$

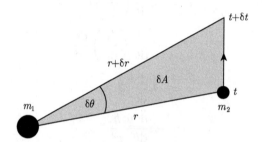

图 2.1   行星沿其轨道在 δt 时间内扫过的面积

- 开普勒第三运动定律

行星绕太阳运动的周期平方与轨道椭圆半长径的立方成正比

$$T^2 = ka^3 \tag{2.27}$$

即所有行星对应的 k 相等。

2.5   从开普勒运动定律到万有引力

由开普勒运动定律可知行星的运动限制在一个平面内，所以我们可以建立极坐标系 (r, θ) 来描述行星的运动。行星运动的加速度可写为

$$\boldsymbol{a} = a_r\hat{e}_r + a_\theta\hat{e}_\theta \tag{2.28}$$

$$a_r = \ddot{r} - r\dot{\theta}^2 \tag{2.29}$$

$$a_\theta = \frac{1}{r}\frac{\mathrm{d}}{\mathrm{d}t}\left(r^2\dot{\theta}\right) \tag{2.30}$$

课堂思考

上述表达式是如何算出来的？

首先位置矢量是显然的

$$\boldsymbol{r} = r\hat{e}_r \tag{2.31}$$

对于圆周运动 (r 不变，即 $\dot{r} = 0$) 的速度，我们知道

$$\dot{\boldsymbol{r}} = r\dot{\theta}\hat{e}_\theta \tag{2.32}$$

结合

$$\dot{\boldsymbol{r}} = \dot{r}\hat{e}_r + r\dot{\hat{e}}_r = r\dot{\hat{e}}_r \tag{2.33}$$

我们可以得到

$$\dot{\hat{e}}_r = \dot{\theta}\hat{e}_\theta \tag{2.34}$$

上式虽然是在圆周运动的特殊情形下得到的，但具有一般性。我们可以如下理解。在空间上，$\hat{e}_r$ 的导数可以分解为相对于 r 和 θ 两个方向，而顺着 r 时 $\hat{e}_r$ 是不变的，所以只有顺着 θ 方向的导数由上式给出。对应数学表达为

$$\begin{aligned}
\dot{\hat{e}}_r &= \dot{\theta}\frac{\partial}{\partial \theta}\hat{e}_r + \dot{r}\frac{\partial}{\partial r}\hat{e}_r \\
&= \dot{\theta}\hat{e}_\theta
\end{aligned} \tag{2.35}$$

也就是说 $\hat{e}_r$ 是往 $\hat{e}_\theta$ 方向以速度 $\dot{\theta}$ 旋转。既然 $\hat{e}_\theta$ 和 $\hat{e}_r$ 始终保持正交，也就是固联在一起，所以 $\hat{e}_\theta$ 会以同样的速度旋转，只不过转的方向差了 90°，变成沿 $-\hat{e}_r$ 方向

$$\dot{\hat{e}}_\theta = -\dot{\theta}\hat{e}_r \tag{2.36}$$

所以一般地，我们有速度

$$\dot{\boldsymbol{r}} = \dot{r}\hat{e}_r + r\dot{\hat{e}}_r = \dot{r}\hat{e}_r + r\dot{\theta}\hat{e}_\theta \tag{2.37}$$

加速度

$$\begin{aligned}
\ddot{\boldsymbol{r}} &= \frac{\mathrm{d}}{\mathrm{d}t}(\dot{r}\hat{e}_r + r\dot{\theta}\hat{e}_\theta) \\
&= \ddot{r}\hat{e}_r + \dot{r}\dot{\hat{e}}_r + \dot{r}\dot{\theta}\hat{e}_\theta + r\ddot{\theta}\hat{e}_\theta + r\dot{\theta}\dot{\hat{e}}_\theta
\end{aligned}$$

$$= \ddot{r}\hat{e}_r + \dot{r}\dot{\theta}\hat{e}_\theta + \dot{r}\dot{\theta}\hat{e}_\theta + r\ddot{\theta}\hat{e}_\theta - r\dot{\theta}\dot{\theta}\hat{e}_r$$

$$= (\ddot{r} - r\dot{\theta}^2)\hat{e}_r + (r\ddot{\theta} + 2\dot{r}\dot{\theta})\hat{e}_\theta \tag{2.38}$$

上述结果是在圆周运动情形推导加推广而来的, 关系

$$\frac{\partial}{\partial r}\hat{e}_r = \frac{\partial}{\partial r}\hat{e}_\theta = 0 \tag{2.39}$$

$$\frac{\partial}{\partial \theta}\hat{e}_r = \hat{e}_\theta \tag{2.40}$$

$$\frac{\partial}{\partial \theta}\hat{e}_\theta = -\hat{e}_r \tag{2.41}$$

是基于物理直觉给出的。实际上我们可以进行下述更为一般的推导。

$$\boldsymbol{a} = \ddot{x}\hat{e}_x + \ddot{y}\hat{e}_y$$

$$= \frac{\mathrm{d}^2}{\mathrm{d}t^2}\left(r\cos\theta\right)(\cos\theta\hat{e}_r - \sin\theta\hat{e}_\theta) + \frac{\mathrm{d}^2}{\mathrm{d}t^2}(r\sin\theta)(\sin\theta\hat{e}_r + \cos\theta\hat{e}_\theta)$$

$$= (\ddot{r}\cos\theta - 2\dot{r}\sin\theta\dot{\theta} - r\cos\theta\dot{\theta}^2 - r\sin\theta\ddot{\theta})(\cos\theta\hat{e}_r - \sin\theta\hat{e}_\theta)$$

$$\quad + (\ddot{r}\sin\theta + 2\dot{r}\cos\theta\dot{\theta} - r\sin\theta\dot{\theta}^2 + r\cos\theta\ddot{\theta})(\sin\theta\hat{e}_r + \cos\theta\hat{e}_\theta)$$

$$= (\ddot{r} - r\dot{\theta}^2)\hat{e}_r + (r\ddot{\theta} + 2\dot{r}\dot{\theta})\hat{e}_\theta \tag{2.42}$$

由开普勒第二运动定律知道 $r^2\dot{\theta} = h$ 在运动过程中守恒, 为常数。所以 $a_\theta = 0$。从而我们知道加速度沿径向, 所以由牛顿第二运动定律知道, 行星所受力为有心力。

在有心力情形下, 我们就可以用上述得到的有心力对应的比耐公式来讨论力的大小。开普勒第一运动定律告诉我们行星运动轨道的形状是椭圆, 如公式 (2.23) 所示。代入上述比耐公式我们得到 (课堂练习)

$$F = -\frac{mh^2}{p}\frac{1}{r^2} \tag{2.43}$$

所以行星所受力的大小与行星和太阳之间的距离平方成反比。

由公式 (2.43) 可知力的大小和行星质量成正比, 再由牛顿第三定律, 力的作用是相互的, 可以很自然地假设行星所受力的大小同太阳质量也成正比

$$F = -G\frac{Mm}{r^2} \tag{2.44}$$

对比上述结果我们有

$$G = \frac{h^2}{pM} \tag{2.45}$$

很显然 G 对每个行星而言是常数，即不随运动而变。但对于不同的行星对应的 G 一样吗？

运动常数 h 可通过观测轨道形状来确定。根据开普勒第二运动定律，单位时间行星沿轨道扫过的面积相等。我们可以用椭圆轨道总面积除以其运动周期来得到这个扫过面积的速率。已知椭圆的长、短半轴分别为 a、b，如图 2.2 所示，根据椭圆方程 $\left(\dfrac{x}{a}\right)^2 + \left(\dfrac{y}{b}\right)^2 = 1$，我们可以计算其面积

$$A = 4\int_0^b \int_0^a \sqrt{1 - y^2/b^2}\,\mathrm{d}x\mathrm{d}y = 4\int_0^b a\sqrt{1 - y^2/b^2}\,\mathrm{d}y \tag{2.46}$$

用 $y = b\sin\theta$ 做变量替换

$$\begin{aligned}
A &= 4\int_0^{\pi/2} a\cos\theta\,\mathrm{d}(b\sin\theta) \\
&= 4ab\int_0^{\pi/2} \cos^2\theta\,\mathrm{d}\theta \\
&= 4ab\int_0^{\pi/2} \frac{1}{2}[1 + \cos(2\theta)]\,\mathrm{d}\theta \\
&= 2ab[\theta + \frac{1}{2}\sin(2\theta)]|_0^{\pi/2} \\
&= \pi ab
\end{aligned} \tag{2.47}$$

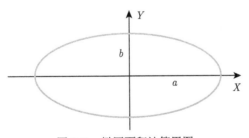

图 2.2　椭圆面积计算用图

由于短半轴可表达为长半轴和离心率的关系，$b = a\sqrt{1 - e^2}$，所以

$$A = \pi a^2\sqrt{1 - e^2} \tag{2.48}$$

用 T 表示轨道周期，联系开普勒第二运动定律我们有

$$\frac{h}{2} = \frac{A}{T} = \frac{\pi a^2\sqrt{1 - e^2}}{T} \tag{2.49}$$

$$h = \frac{2\pi a^2 \sqrt{1-e^2}}{T} \tag{2.50}$$

把上式和关系 $p = a(1-e^2)$ 代入式 (2.45)，我们可以把 G 表达为

$$G = \frac{4\pi^2}{M} \frac{a^3}{T^2} \tag{2.51}$$

根据开普勒第三运动定律我们确定 G 对于不同的行星是一样的，所以叫做万有 (普适的) 引力常数。关于万有引力常数 G 的天文测定，由轨道观测我们可以确定

$$GM = 4\pi^2 \frac{a^3}{T^2} \tag{2.52}$$

但 G 和 M 无法分别确定。通常，我们可以取质量单位为太阳质量，于是有 $M = 1$。进一步取长度单位为天文单位，即平均日地距离 (1AU)，取时间单位为 1 个平太阳日，所得万有引力常数开方称为高斯引力常数 ($2\pi/T$)。一年 $T \approx 365.2569$ 天，高斯引力常数约为 0.01720209895。

负质量天体是否在宇宙中存在是人们时常问起的问题 [5]。接下来我们问一个比较形式化但很有趣的问题：太阳质量是正的还是负的？或者说太阳质量同地球质量的符号相同还是相反？公式 (2.52) 是基于椭圆轨道信息代入比耐公式得到的。从公式 (2.52) 我们可以发现

$$GM > 0 \tag{2.53}$$

也就是说我们可以推论出太阳质量为正。更一般地，我们可以把上述结论表达为，只要发现椭圆运动的天体，其被围绕天体的质量一定为正。根据银河系中心椭圆运动的 S 系列恒星可以断定银河系中心的超大质量黑洞质量也为正。

2.6 从牛顿运动定律和万有引力定律到二体运动方程

假设两天体 P_1 和 P_2 的质量分别是 m_1 和 m_2，它们相互吸引，分别受万有引力。任选一惯性坐标系，我们可以用图 2.3 来表示。根据牛顿第二定律，在惯性坐标系下两个天体的运动方程分别为

$$\boldsymbol{F}_1 = m_1 \ddot{\boldsymbol{r}}_1 = \frac{Gm_1 m_2}{r^3} \boldsymbol{r} = \frac{Gm_1 m_2}{r^2} \hat{r} \tag{2.54}$$

$$\boldsymbol{F}_2 = m_2 \ddot{\boldsymbol{r}}_2 = -\frac{Gm_1 m_2}{r^3} \boldsymbol{r} = -\frac{Gm_1 m_2}{r^2} \hat{r} \tag{2.55}$$

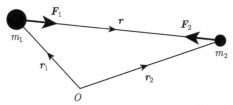

图 2.3　惯性坐标系下描述两天体所受万有引力。r_1 和 r_2 分别是惯性坐标系描述的两天体的位置，r 是天体 P_1 相对于天体 P_2 的位置

2.6.1　质心运动性质和质心惯性系

质心的位置可表达为

$$R \equiv \frac{1}{m_1 + m_2}(m_1 r_1 + m_2 r_2) \tag{2.56}$$

结合 R 的定义式 (2.56) 以及运动方程 (2.54) 和 (2.55) 我们得到

$$\frac{\mathrm{d}^2 R}{\mathrm{d}t^2} = 0 \tag{2.57}$$

首先我们看到，质心的确是做惯性运动 (相对于惯性坐标系加速度为零)。实际上我们也可以在初始时刻选择惯性坐标系使得质心坐标和质心速度为零。这样我们有

$$R(0) = 0, \quad \dot{R}(0) = 0 \Rightarrow R(t) = 0 \tag{2.58}$$

在这样的坐标系下，质心坐标一直是零。所以，我们可以进一步选择惯性坐标系，把坐标原点放到两个天体的质心处，如图 2.4 所示。这样的惯性坐标系叫做**质心惯性系**。

$$m_1 \longleftarrow \overset{r_1}{} \bullet \overset{r_2}{} \longrightarrow m_2$$
$$0$$

图 2.4　原点处于两天体质心处的惯性坐标系下描述两天体所受万有引力

在质心惯性系中两个天体的质心坐标为零，$m_1 r_1 + m_2 r_2 = 0$，所以有

$$m_1 r_1 = -m_2 r_2 \tag{2.59}$$

$$r_2 = -\frac{m_1}{m_2} r_1 \tag{2.60}$$

$$r = r_2 - r_1 \tag{2.61}$$

$$r = -\frac{m_1}{m_2}r_1 - r_1 = -\left(1 + \frac{m_1}{m_2}\right)r_1 \tag{2.62}$$

$$r = \left(1 + \frac{m_1}{m_2}\right)r_1 \tag{2.63}$$

方程 (2.54) 和 (2.55) 在质心惯性系中当然也成立。所以我们有

$$\ddot{r}_1 = \frac{Gm_2}{r^3}r = -\frac{Gm_2^3}{(m_1+m_2)^2}\frac{r_1}{r_1^3} \tag{2.64}$$

$$\ddot{r}_2 = -\frac{Gm_1}{r^3}r = -\frac{Gm_1^3}{(m_1+m_2)^2}\frac{r_2}{r_2^3} \tag{2.65}$$

2.6.2　相对运动方程和有效单体问题

为了描述两个天体的运动过程，我们需要求解 r_1 和 r_2 两个矢量。或者等价地我们可以把这两个矢量转化为质心坐标 R 和

$$r \equiv r_2 - r_1 \tag{2.66}$$

由上述定义我们可见，r 是天体 P_2 相对于天体 P_1 的位置坐标。如果已知 R 和 r 两个矢量，我们就可以把 r_1 和 r_2 这两个矢量构造出来

$$r_1 = R - \frac{m_2}{m_1+m_2}r \tag{2.67}$$

$$r_2 = R + \frac{m_1}{m_1+m_2}r \tag{2.68}$$

结合 R 和 r 两个矢量的定义式 (2.56) 和 (2.66) 以及运动方程 (2.64) 和 (2.65) 我们得到

$$\frac{\mathrm{d}^2 r}{\mathrm{d}t^2} = -G(m_1+m_2)\frac{r}{r^3} \tag{2.69}$$

注意到 $R = 0$，这样为了求解 r_1 和 r_2 两个矢量我们只需要计算 r 这一个矢量，看起来像是一个物体的运动方程。所以我们称之为二体问题的有效单体问题 (effective one body problem)。

有效单体问题：质量为 m_1 和 m_2 的两个天体在万有引力作用下的运动可等价为一个质量为 $m_1 + m_2$、位于前述两个天体质心处的天体和一个质量可忽略不计、位于前述两个天体相对位置处的测试天体在万有引力作用下的运动。在有效单体问题中，两个天体运动满足万有引力定律。大质量天体 $m_1 + m_2$ 保持不动，小质量天体按运动方程 (2.69) 运动。

如果考虑总质量为 $m_1 + m_2$ 和约化质量为 $\dfrac{m_1 m_2}{m_1 + m_2}$ 的两个天体在万有引力作用下运动，约化质量天体按运动方程 (2.69) 运动，但总质量天体也会做非惯性运动。对比原有的二体问题，我们达不到约化问题的目的。所以只能不管物理图像，硬性表述原二体问题的相对位置运动方程是现在约化质量天体的运动方程。

2.6.3 用非惯性坐标系看有效单体问题

天体 P_2 相对于天体 P_1 的运动方程 (2.69) 也可看成是以 P_1 为坐标原点的一个坐标系描述的天体 P_2 的运动方程，如图 2.5 所示。由于天体 P_1 不做惯性运动，所以这是一个非惯性坐标系。对于非惯性坐标系，我们有修正后的牛顿第二定律

$$m\boldsymbol{a} = \boldsymbol{F} + \boldsymbol{F}' \tag{2.70}$$

其中，$\boldsymbol{F}' = -m\boldsymbol{a}_{\text{ref}}$ 是非惯性坐标系对应的非惯性力，$\boldsymbol{a}_{\text{ref}}$ 是非惯性坐标系的加速度。所以我们有

$$
\begin{aligned}
m_2 \ddot{\boldsymbol{r}} &= -\frac{Gm_1 m_2}{r^3}\boldsymbol{r} - m_2 \ddot{\boldsymbol{r}}_1 \\
&= -\frac{Gm_1 m_2}{r^3}\boldsymbol{r} - m_2 \frac{Gm_2}{r^3}\boldsymbol{r} \\
&= -Gm_2(m_1 + m_2)\frac{\boldsymbol{r}}{r^3}
\end{aligned}
\tag{2.71}
$$

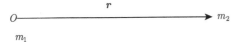

图 2.5 原点与天体 P_1 重合的非惯性坐标系下描述两天体所受万有引力

2.7 二体运动方程的求解

基于有效单体问题，我们只需求解二阶常微分方程

$$\ddot{\boldsymbol{r}} = -G(m_1 + m_2)\frac{\boldsymbol{r}}{r^3} \tag{2.72}$$

2.7.1　面积积分与角动量守恒

我们把上述方程简记作

$$\ddot{\boldsymbol{r}} = -\mu \frac{\boldsymbol{r}}{r^3} \tag{2.73}$$

方程两边叉乘 $\boldsymbol{r}$ 得到

$$\boldsymbol{r} \times \ddot{\boldsymbol{r}} = -\mu \boldsymbol{r} \times \frac{\boldsymbol{r}}{r^3} = 0 \tag{2.74}$$

$$\frac{\mathrm{d}}{\mathrm{d}t}(\boldsymbol{r} \times \dot{\boldsymbol{r}}) = \dot{\boldsymbol{r}} \times \dot{\boldsymbol{r}} + \boldsymbol{r} \times \ddot{\boldsymbol{r}} = \boldsymbol{r} \times \ddot{\boldsymbol{r}} \tag{2.75}$$

$$\frac{\mathrm{d}}{\mathrm{d}t}(\boldsymbol{r} \times \dot{\boldsymbol{r}}) = 0 \tag{2.76}$$

$$\boldsymbol{r} \times \dot{\boldsymbol{r}} = \boldsymbol{C} \tag{2.77}$$

$$\dot{\boldsymbol{r}} = \dot{r}\hat{e}_r + r\frac{\mathrm{d}\hat{e}_r}{\mathrm{d}t} = \dot{r}\hat{e}_r + r\dot{\theta}\hat{e}_\theta \tag{2.78}$$

$$\boldsymbol{r} = r\hat{e}_r \tag{2.79}$$

$$\boldsymbol{r} \times \dot{\boldsymbol{r}} = r^2\dot{\theta}\hat{n} = h\hat{n} \equiv \boldsymbol{h} \tag{2.80}$$

$\boldsymbol{h}$ 是守恒的矢量，方向 $\hat{n}$ 和大小 h 都不随时间改变。这里的 h 正是我们之前接触过的单位质量的角动量。($\boldsymbol{r} \times$ 什么) 被叫做 "什么矩"，所以 $\boldsymbol{r} \times \dot{\boldsymbol{r}}$ 就是单位质量的动量矩。我们知道动量矩就是角动量。所以上面推导我们得到的正是动量矩守恒或者叫角动量守恒。

有心力场情况下的角动量守恒

不仅是在万有引力作用下，只要是在有心力场作用下角动量都会守恒。这是因为

$$m\ddot{\boldsymbol{r}} = \boldsymbol{F} \tag{2.81}$$

$$m\boldsymbol{r} \times \ddot{\boldsymbol{r}} = \boldsymbol{r} \times \boldsymbol{F} \tag{2.82}$$

$$\boldsymbol{F} = F\hat{e}_r \tag{2.83}$$

$$m\boldsymbol{r} \times \ddot{\boldsymbol{r}} = 0 \tag{2.84}$$

角动量的方向守恒表明运动被限制在一个固定平面上。这个平面我们称为轨道平面。角动量的方向 $\hat{n}$ 指向轨道平面的法向方向，如图 2.6 所示。角动量的大

小 $r^2\dot{\theta}$ 守恒，正是开普勒第二运动定律所描述的内容：行星向径在相等时间内扫过的面积相等。

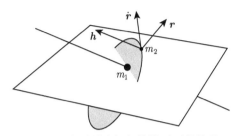

图 2.6 角动量守恒与轨道平面的关系

2.7.2 拉普拉斯积分与轨道曲线

利用有效单体问题的动力学方程 (2.73) 和前面得到的守恒角动量矢量 (2.80)，我们有

$$\ddot{\boldsymbol{r}} = -\mu\frac{\boldsymbol{r}}{r^3} \tag{2.85}$$

$$\boldsymbol{r} \times \dot{\boldsymbol{r}} = \boldsymbol{h} \tag{2.86}$$

$$\boldsymbol{h} \times \ddot{\boldsymbol{r}} = (\boldsymbol{r} \times \dot{\boldsymbol{r}}) \times \ddot{\boldsymbol{r}} = (\boldsymbol{r} \times \dot{\boldsymbol{r}}) \times \left(-\mu\frac{\boldsymbol{r}}{r^3}\right) = -\frac{\mu}{r^3}(\boldsymbol{r} \times \dot{\boldsymbol{r}}) \times \boldsymbol{r} \tag{2.87}$$

$$\boldsymbol{A} \times (\boldsymbol{B} \times \boldsymbol{C}) = \boldsymbol{B}(\boldsymbol{A} \cdot \boldsymbol{C}) - \boldsymbol{C}(\boldsymbol{A} \cdot \boldsymbol{B}) \tag{2.88}$$

$$\boldsymbol{h} \times \ddot{\boldsymbol{r}} = \frac{\mu}{r^3}\boldsymbol{r} \times (\boldsymbol{r} \times \dot{\boldsymbol{r}}) = \frac{\mu}{r^3}[\boldsymbol{r}(\boldsymbol{r} \cdot \dot{\boldsymbol{r}}) - \dot{\boldsymbol{r}}(\boldsymbol{r} \cdot \boldsymbol{r})] \tag{2.89}$$

$$\boldsymbol{r} = r\hat{e}_r, \quad \dot{\boldsymbol{r}} = \dot{r}\hat{e}_r + r\dot{\theta}\hat{e}_\theta \tag{2.90}$$

$$\boldsymbol{h} \times \ddot{\boldsymbol{r}} = \frac{\mu}{r^3}(r\dot{r}\boldsymbol{r} - r^2\dot{\boldsymbol{r}}) = \frac{\mu}{r^2}(\dot{r}\boldsymbol{r} - r\dot{\boldsymbol{r}}) \tag{2.91}$$

$$\frac{\mathrm{d}}{\mathrm{d}t}\left(\frac{\boldsymbol{r}}{r}\right) = -\frac{1}{r^2}\dot{r}\boldsymbol{r} + \frac{1}{r}\dot{\boldsymbol{r}} = -\frac{1}{r^2}(\dot{r}\boldsymbol{r} - r\dot{\boldsymbol{r}}) \tag{2.92}$$

$$\boldsymbol{h} \times \ddot{\boldsymbol{r}} = -\mu\frac{\mathrm{d}}{\mathrm{d}t}\left(\frac{\boldsymbol{r}}{r}\right) \tag{2.93}$$

$$\frac{\mathrm{d}}{\mathrm{d}t}\left(\boldsymbol{h} \times \dot{\boldsymbol{r}} + \mu\frac{\boldsymbol{r}}{r}\right) = 0 \tag{2.94}$$

$$\boldsymbol{h} \times \dot{\boldsymbol{r}} + \mu\frac{\boldsymbol{r}}{r} \equiv -\mu\boldsymbol{e} \tag{2.95}$$

这里的计算要注意叉乘不满足结合律。我们再一次得到一个守恒的矢量 $\boldsymbol{e}$。这个守恒矢量被称为拉普拉斯积分。

下面我们来分析拉普拉斯积分 e 的物理意义。首先我们注意到 h 垂直于轨道平面，可见 e 是躺在轨道平面内的。更具体地，我们有

$$e = -\frac{1}{\mu}\left(h \times \dot{r} + \mu\frac{r}{r}\right) \tag{2.96}$$

$$r \cdot e = -\frac{1}{\mu}[r \cdot (h \times \dot{r}) + \mu r] \tag{2.97}$$

$$A \cdot (B \times C) = B \cdot (C \times A) \tag{2.98}$$

$$r \cdot e = -\frac{1}{\mu}[h \cdot (\dot{r} \times r) + \mu r] \tag{2.99}$$

$$h = r \times \dot{r} \tag{2.100}$$

$$r \cdot e = -\frac{1}{\mu}(-h^2 + \mu r) = -r + \frac{h^2}{\mu} \tag{2.101}$$

假设 r 与 e 的夹角为 f，如图 2.7 所示。于是我们有 $r \cdot e = re\cos f$。公式 (2.101)则变为

$$re\cos f = -r + \frac{h^2}{\mu} \tag{2.102}$$

$$r(1 + e\cos f) = \frac{h^2}{\mu} \equiv p \tag{2.103}$$

$$r = \frac{p}{1 + e\cos f} \tag{2.104}$$

方程 (2.104) 不是别的，正是开普勒第一运动定律描述的轨道形状方程。根据这个方程我们可以看出拉普拉斯积分 e 的方向是从太阳指向近日点的方向，大小是轨道形状的离心率。

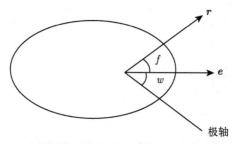

图 2.7 r 与 e 的夹角为真近点角 f，极轴与 e 的夹角为近星点方向角 w

利用比耐公式求解轨道形状

从上面的分析我们看到拉普拉斯积分实际上对应的是轨道形状。根据我们以前讲到的知识，我们还可以利用比耐公式来求解轨道形状。在已知万有引力的情况下，我们有比耐公式

$$-mh^2u^2\frac{\mathrm{d}^2u}{\mathrm{d}\theta^2} - mu^3h^2 = F = -\mu\frac{m}{r^2} = -\mu mu^2 \tag{2.105}$$

$$h^2\frac{\mathrm{d}^2u}{\mathrm{d}\theta^2} + h^2u = \mu \tag{2.106}$$

$$u'' + u = \frac{\mu}{h^2} \tag{2.107}$$

课堂思考

什么天体在什么情况下受到什么样的万有引力？

有效单体问题情形下测试天体受到的中心和质量天体的万有引力。

为了求解非齐次二次常微分方程 (2.107)，我们先考虑其对应的齐次二次常微分方程

$$u'' + u = 0 \tag{2.108}$$

$$u = A\cos(\theta - \theta_0) \tag{2.109}$$

再寻找一个原非齐次二次常微分方程 (2.107) 的简单特解

$$u = \frac{\mu}{h^2} \tag{2.110}$$

对应齐次方程的通解 (2.109) 加上这个特解便是原非齐次方程 (2.107) 的通解

$$\begin{aligned}
u &= \frac{\mu}{h^2} + A\cos(\theta - \theta_0) \\
&= \frac{1}{p} + \frac{1}{p}e\cos(\theta - \theta_0) \\
&= \frac{1}{p}[1 + e\cos(\theta - \theta_0)]
\end{aligned} \tag{2.111}$$

$$r = \frac{p}{1 + e\cos(\theta - \theta_0)} \tag{2.112}$$

e 和 θ_0 是二次常微分方程求解过程中得到的两个积分常数。

不要把式 (2.104) 和式 (2.112) 理解成一定是椭圆轨道，从而根据式 (2.53) 以为上述结论已经默认天体质量为正。实际上式 (2.104) 和式 (2.112) 既可以表示椭

圆 $(0 \leqslant e < 1)$，也可以表示抛物线 $(e = 1)$ 和双曲线 $(e > 1)$。当 $0 \leqslant e < 1$ 时，f 可以取值 0 到 2π，组成封闭的椭圆。当 $e = 1$ 时，f 可以取值 $-\pi < f < \pi$。趋于 $\pm\pi$ 时 r 趋于无穷大。当 $e > 1$ 时，f 可以取值 $-f_0 < f < f_0$，其中 $1 + e\cos f_0 = 0, \dfrac{\pi}{2} < f_0 < \pi$。对应 $-\pi < f < -f_0$ 和 $f_0 < f < \pi$，式 (2.104) 给出双曲线的另外一支，没有轨道对应。

如果中心天体的质量为负，则 $\mu < 0$ 从而 $p < 0$，但上述推导和公式都依然成立。

2.7.3　活力积分与能量守恒

我们先把有效单体问题的动力学方程 (2.73) 写成形式 $\ddot{\boldsymbol{r}} + \dfrac{\mu}{r^3}\boldsymbol{r} = 0$，然后用 $\dot{\boldsymbol{r}}$ 去点乘得到

$$0 = \dot{\boldsymbol{r}} \cdot \left(\ddot{\boldsymbol{r}} + \frac{\mu}{r^3}\boldsymbol{r} \right)$$
$$= \dot{\boldsymbol{r}} \cdot \ddot{\boldsymbol{r}} + \frac{\mu}{r^3}\dot{\boldsymbol{r}} \cdot \boldsymbol{r} \tag{2.113}$$

我们在式 (2.91) 中算过 $\dot{\boldsymbol{r}} \cdot \boldsymbol{r} = r\dot{r}$，所以我们有

$$0 = \dot{\boldsymbol{r}} \cdot \ddot{\boldsymbol{r}} + \frac{\mu}{r^3}r\dot{r} = \dot{\boldsymbol{r}} \cdot \ddot{\boldsymbol{r}} + \frac{\mu}{r^2}\dot{r} \tag{2.114}$$

$$\frac{\mathrm{d}}{\mathrm{d}t}\frac{\mu}{r} = -\frac{\mu}{r^2}\dot{r} \tag{2.115}$$

$$\frac{\mathrm{d}}{\mathrm{d}t}(\dot{\boldsymbol{r}} \cdot \dot{\boldsymbol{r}}) = \ddot{\boldsymbol{r}} \cdot \dot{\boldsymbol{r}} + \dot{\boldsymbol{r}} \cdot \ddot{\boldsymbol{r}} = 2\dot{\boldsymbol{r}} \cdot \ddot{\boldsymbol{r}} \tag{2.116}$$

$$0 = \frac{1}{2}\frac{\mathrm{d}}{\mathrm{d}t}(\dot{\boldsymbol{r}} \cdot \dot{\boldsymbol{r}}) - \frac{\mathrm{d}}{\mathrm{d}t}\frac{\mu}{r} = \frac{\mathrm{d}}{\mathrm{d}t}\left(\frac{1}{2}\dot{\boldsymbol{r}} \cdot \dot{\boldsymbol{r}} - \frac{\mu}{r} \right) \tag{2.117}$$

$$\frac{1}{2}\dot{\boldsymbol{r}} \cdot \dot{\boldsymbol{r}} - \frac{\mu}{r} \equiv E \tag{2.118}$$

我们得到一个守恒的标量 E，它是两项之和，第一项是测试天体的动能，第二项是测试天体的重力势能，所以 E 的物理含义是测试天体的总能量。E 被称为活力积分，它对应的是能量守恒。

我们仔细检查会发现在 $\mu < 0$，即中心天体质量为负时，上述推导也是成立的。也就是说能量守恒 (2.118) 对于负质量天体也是成立的。但注意到 r 越大 $-\dfrac{\mu}{r}$ 越小，所以动能越大。也就是说，测试天体 (无论质量正负) 相对于中心负质量天体会越离越远且越远运动越快。这个比较奇怪的现象被很多文献误解为能量不守恒。

我们知道，一个二阶常微分方程有两个积分常数，有效单体问题的动力学方程 (2.73) 是矢量方程，对应三个标量型二阶常微分方程，应该一共有六个积分常

数。我们现在得到两个矢量型积分常数和一个标量型积分常数，相当于共计七个标量型积分常数。所以这七个积分常数一定有一个不独立。我们下面用 h 和 e 来表达 E。我们考察近日点，此时 $f = 0, \dot{r} = 0$，由式 (2.104) 和式 (2.103) 我们有

$$r = \frac{p}{1+e} = \frac{h^2}{\mu(1+e)} \tag{2.119}$$

$$\dot{\boldsymbol{r}} = r\dot{\theta}\hat{e}_\theta \tag{2.120}$$

$$\dot{\boldsymbol{r}} \cdot \dot{\boldsymbol{r}} = r^2\dot{\theta}^2 \tag{2.121}$$

$$h = r^2\dot{\theta} \tag{2.122}$$

$$\dot{\boldsymbol{r}} \cdot \dot{\boldsymbol{r}} = \frac{h^2}{r^2} = \frac{\mu^2(1+e)^2}{h^2} \tag{2.123}$$

$$\frac{\mu}{r} = \frac{\mu^2(1+e)}{h^2} \tag{2.124}$$

$$E = -\frac{\mu^2}{2h^2}(1-e^2) \tag{2.125}$$

利用关系 $p = \dfrac{h^2}{\mu}$，我们还可以把上式写成别的形式

$$E = -\frac{\mu}{2p}(1-e^2) \tag{2.126}$$

利用椭圆半长轴 a 与半通径 p 的关系，我们可以进一步把上式化为

$$p = a(1-e^2) \tag{2.127}$$

$$E = -\frac{\mu}{2a} \tag{2.128}$$

即能量与椭圆半长轴相互决定，我们可以利用这一关系从能量方便地算出椭圆半长轴 a。

2.7.4 轨道类型和总能量

我们可以用总能量和角动量来表达半长轴和离心率

$$h = \sqrt{\mu p} = \sqrt{a\mu(1-e^2)} \tag{2.129}$$

$$E = -\frac{\mu}{2a} \tag{2.130}$$

$$a = -\frac{\mu}{2E} \tag{2.131}$$

$$e = \sqrt{1 + 2\frac{h^2 E}{\mu^2}} \tag{2.132}$$

关于轨道的有界性我们可以用下面的方式来分析。在万有引力作用下，能量等于动能与引力势能的和

$$E = \frac{1}{2}[\dot{r}^2 + (r\dot{\theta})^2] - \frac{\mu}{r} \tag{2.133}$$

$$\frac{1}{2}\dot{r}^2 = E - V \tag{2.134}$$

$$V \equiv \frac{h^2}{2r^2} - \frac{\mu}{r} \tag{2.135}$$

由上式我们可以看出，当角动量 h 给定后，相对于 r 的"势能"函数 $V(r; h)$ 就给定，如图 2.8 所示。在给定总能量后，总能相对于 r 为常数，曲线到总能量的高度即为动能大小。注意到动能非负的条件我们即可判断天体相对于 r 的运动范围。由此我们可以判断轨道的有界性，实际上轨道的类型也可由此判断得出。

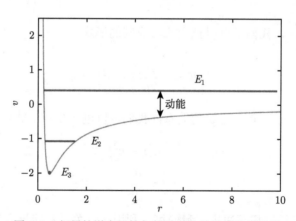

图 2.8　行星轨道有界性与能量和角动量的关系分析

二体问题轨道类型分类和总能量、角动量等的关系小结如表 2.1 所示。

表 2.1　二体问题的轨道分类

轨道类型	离心率	能量	角动量	半长轴	轨道有界性
圆	$e = 0$	$E = -\dfrac{\mu^2}{2h^2}$	$h = \dfrac{\mu}{\sqrt{-2E}}$	$a > 0$	有界
椭圆	$0 < e < 1$	$-\dfrac{\mu^2}{2h^2} < E < 0$	$h < \dfrac{\mu}{\sqrt{-2E}}$	$a > 0$	有界
抛物线	$e = 1$	$E = 0$	$0 < h < \infty$	a 无定义	无界
双曲线	$e > 1$	$E > 0$	$0 < h < \infty$	a 无定义	无界

如果中心天体的质量为负，则 $\mu < 0$，但公式 (2.134) 和 (2.135) 都依然成立。需要注意的是，这时势能曲线变成从无穷大单调下降到零的样子，不再有势井存在，所以只存在双曲线型轨道。这与我们前述 (2.53) 处的分析理解是一致的。

课堂思考

如果 $m_1 < 0$ 但 $\mu \equiv G(m_1 + m_2) > 0$ 会如何？

2.7.5 开普勒第三运动定律的修正

利用关系式 (2.103) 和 (2.127)，公式 (2.50) 可进一步写为

$$\frac{1}{2}\sqrt{\mu a(1-e^2)} = \frac{\pi a^2 \sqrt{1-e^2}}{T} \tag{2.136}$$

$$\frac{\mu a(1-e^2)}{4} = \frac{\pi^2 a^4 (1-e^2)}{T^2} \tag{2.137}$$

$$\frac{\mu}{4\pi^2} = \frac{a^3}{T^2} \tag{2.138}$$

对应开普勒第三运动定律 $\dfrac{T^2}{a^3} = k$，我们有

$$k = \frac{4\pi^2}{\mu} = \frac{4\pi^2}{G(m_1 + m_2)} \tag{2.139}$$

开普勒第三运动定律说不同行星的 k 相等，但牛顿运动定律和万有引力定律说不同行星的 k 稍有偏差。我们要用发展的眼光看待物理定律，实验结果是对错的唯一标准。

作业

以地球为例，为了检验判断开普勒第三运动定律以及牛顿运动定律和万有引力定律谁对谁错，地球绕太阳运动的周期和轨道长半轴的测量精度分别需要多大？提示：$\Delta k < |k_{\mathrm{K}} - k_{\mathrm{N}}|$。

2.7.6 用积分常数表达近日点和远日点的速度

在近日点 $f = 0$，根据式 (2.103) 我们得到

$$r(1+e) = \frac{h^2}{\mu} \tag{2.140}$$

$$r(1+e) = p = a(1-e^2) \tag{2.141}$$

$$r = a(1-e) \tag{2.142}$$

$$a(1-e)(1+e) = \frac{h^2}{\mu} \tag{2.143}$$

$$h = \sqrt{a\mu(1-e^2)} \tag{2.144}$$

$$h = rv = a(1-e)v \tag{2.145}$$

$$a(1-e)v = \sqrt{a\mu(1-e^2)} \tag{2.146}$$

$$v = \sqrt{\frac{\mu}{a}\frac{1+e}{1-e}} \tag{2.147}$$

根据公式 (2.138)，我们有

$$\frac{4\pi^2}{T^2} = \frac{\mu}{a^3} \tag{2.148}$$

所以

$$n \equiv \frac{2\pi}{T} = \sqrt{\frac{\mu}{a^3}} \tag{2.149}$$

所以开普勒第三运动定律可写为

$$\mu = n^2 a^3 \tag{2.150}$$

根据 μ、n 和 a 指数分别为 1、2、3 的特点，若干文献也把开普勒第三运动定律戏称为开普勒 123 定律。由该定律我们可看出，轨道周期完全决定轨道半长径。所以当 μ 给定时，对于周期相同的轨道，从式 (2.147) 可以看出，离心率越大近日点的速度越大。

在远日点 $f = \pi$，根据式 (2.103) 我们得到

$$r(1-e) = \frac{h^2}{\mu} \tag{2.151}$$

$$r(1-e) = p = a(1-e^2) \tag{2.152}$$

$$r = a(1+e) \tag{2.153}$$

虽然式 (2.144) 是通过分析近日点得出的，但它是守恒量之间的关系，跟天体处在轨道上的什么位置无关，所以在远日点也成立。把上式代入式 (2.144) 我们就得到

$$h = rv = a(1+e)v \tag{2.154}$$

$$a(1+e)v = \sqrt{a\mu(1-e^2)} \tag{2.155}$$

$$v = \sqrt{\frac{\mu}{a}\frac{1-e}{1+e}} \tag{2.156}$$

所以当 μ 给定时，对于周期相同的轨道，从式 (2.156) 可以看出，离心率越大远日点的速度越小。

2.7.7 轨道根数

为了简洁明了地描述天体的运动，我们在运动积分常数中选取以下 6 个独立的、物理意义明确的、能反映运动特征的积分常数，作为轨道根数，如图 2.9 所示，它们是，轨道大小和形状参数：半长径 a、偏心率 e；轨道位置参数：轨道倾角 ι、升交点赤经 Ω、近日点幅角 ω；天体位置参数：平近点角 M。

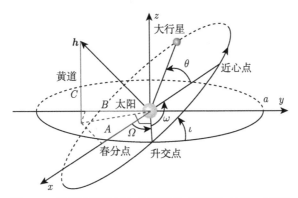

图 2.9　行星轨道描述与轨道根数 (彩图扫封底二维码)

天体在椭圆上的位置可以由平近点角 M、偏近点角 E 和真近点角 f 三者之一来描述。下面介绍三者的几何意义。三个角度的定义如图 2.10 所示。

我们首先根据定义来分析平近点角 M 的行为。

$$\frac{1}{2}a^2M = S_{p3\text{-}s\text{-}p}a/b \tag{2.157}$$

$$S_{p3\text{-}s\text{-}p} = \frac{1}{2}ht \tag{2.158}$$

$$M = \frac{h}{ab}t \tag{2.159}$$

$$h = \sqrt{\mu p}, \quad \mu = n^2a^3, \quad p = a(1-e^2) \tag{2.160}$$

$$a^2 = b^2 + c^2, \quad e = \frac{c}{a} \tag{2.161}$$

$$p = \frac{b^2}{a} \tag{2.162}$$

$$\frac{h}{ab} = n\sqrt{a^3b^2/a}/(ab) = n \tag{2.163}$$

$$M = nt \tag{2.164}$$

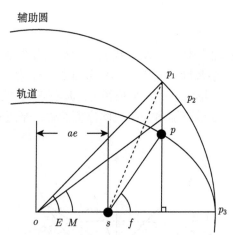

图 2.10　平近点角 M (mean anomaly)、偏近点角 E (eccentric anomaly) 和真近点角 f (true anomaly) 的几何意义。点 p_2 的定义是在圆上的扇形区域 p_3-o-p_2 的面积与椭圆上的扇形区域 p_3-s-p 的面积之比等于椭圆半长轴与半短轴的比。o 为坐标原点。辅助圆的半径 $op_3 = a$。$M = M_0 + n(t - t_0), \cos f = \dfrac{\cos E - e}{1 - e\cos E}, M = E - e\sin E$

记 p 点的坐标为 (x, y)，我们有

$$\frac{x^2}{a^2} + \frac{y^2}{b^2} = 1 \tag{2.165}$$

$$\cos E = \frac{x}{a} \Rightarrow \sin E = \frac{y}{b} \tag{2.166}$$

$$r = \sqrt{(x - ae)^2 + y^2} = \sqrt{(a\cos E - ae)^2 + b^2\sin^2 E} \tag{2.167}$$

$$b = a\sqrt{1 - e^2} \tag{2.168}$$

$$r = a(1 - e\cos E) \tag{2.169}$$

结合我们之前求得的

$$r = \frac{p}{1 + e\cos f} = \frac{a(1 - e^2)}{1 + e\cos f} \tag{2.170}$$

$$\frac{a(1 - e^2)}{1 + e\cos f} = a(1 - e\cos E) \tag{2.171}$$

$$\cos f = \frac{\cos E - e}{1 - e \cos E} \tag{2.172}$$

下面来考察平近点角 M 和偏近点角 E 之间的关系。根据我们之前得到的活力积分

$$E = \frac{1}{2}\dot{\boldsymbol{r}} \cdot \dot{\boldsymbol{r}} - \frac{\mu}{r} = -\frac{\mu}{2a} \tag{2.173}$$

$$\dot{\boldsymbol{r}} \cdot \dot{\boldsymbol{r}} = \dot{r}^2 + r^2 \dot{f}^2 \tag{2.174}$$

$$r^2 \dot{f} = h \tag{2.175}$$

$$\dot{r}^2 = 2\left(\frac{\mu}{r} - \frac{\mu}{2a}\right) - \frac{h^2}{r^2} \tag{2.176}$$

又因为我们以前得到的关系 $h = \sqrt{\mu p}, p = a(1 - e^2)$，上式继续化为

$$\dot{r}^2 = \mu\left(\frac{2}{r} - \frac{1}{a}\right) - \frac{\mu a(1 - e^2)}{r^2}$$

$$= \frac{\mu}{ar^2}[a^2 e^2 - (r - a)^2] \tag{2.177}$$

根据式 (2.149)，我们得到

$$\dot{r}^2 = \frac{n^2 a^2}{r^2}[a^2 e^2 - (r - a)^2] \tag{2.178}$$

$$\dot{r} = \frac{na}{r}\sqrt{a^2 e^2 - (r - a)^2} \tag{2.179}$$

$$n\mathrm{d}t = \frac{r\mathrm{d}r}{a\sqrt{a^2 e^2 - (r - a)^2}} \tag{2.180}$$

根据式 (2.169)，我们有关系

$$\mathrm{d}r = ae \sin E \mathrm{d}E \tag{2.181}$$

以及

$$a - r = ae \cos E \tag{2.182}$$

$$a^2 e^2 - (r - a)^2 = a^2 e^2 \sin^2 E \tag{2.183}$$

于是我们得到

$$n\mathrm{d}t = (1 - e \cos E)\mathrm{d}E \tag{2.184}$$

$$nt + M_0 = E - e \sin E = M \tag{2.185}$$

课堂思考

把式 (2.149) 代入式 (2.177) 开方的时候正负号哪里去了?

平近点角 M 和偏近点角 E 之间的关系 $M = E - e\sin E$, 被称作椭圆运动的开普勒方程。双曲线运动和抛物线运动情况下的平近点角 M 和偏近点角 E 之间的关系也被称为开普勒方程, 但与上述方程形式不同。本书不讲解双曲线运动和抛物线运动情况下的开普勒方程。

2.7.8　开普勒方程的求解方法

根据前面讲过的平近点角 M、偏近点角 E 和真近点角 f 的几何意义可见, 我们直接需要的其实是真近点角 f。但最容易求解的是平近点角 M。而真近点角 f 与平近点角 M 的联系中间隔着偏近点角 E。当已知平近点角 M 求解偏近点角 E 时, 我们需要求解开普勒方程。已知偏近点角 E 后, 可简单计算得到真近点角 f。

开普勒方程是一个超越方程 (包含指数函数以外函数的方程), 所以其求解不容易。但从图 2.11 这样一个例子可以看出, 曲线 $E - e\sin E$ 一定过 $(0,0)$ 和 $(2\pi, 2\pi)$ 这两个点, 而且是一个单调函数。由此我们知道开普勒方程一定有且仅有一个解。具体求解的时候我们可以使用数值方法求解, 或者利用 e 是小量这个特点使用拉格朗日级数方法求解。

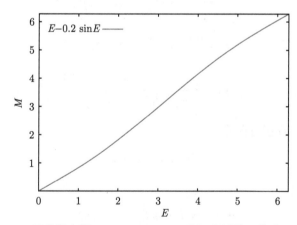

图 2.11　开普勒方程 $M = E - e\sin E$ 的一个例子, 此时 $e = 0.2$

根据开普勒方程, 我们可以把 E 写成 M 和 e 的二元函数 $E(M, e)$, 显然我们有

$$E(M, e) = E(M, 0) + e\left.\frac{\partial E}{\partial e}\right|_{e=0} + \frac{e^2}{2}\left.\frac{\partial^2 E}{\partial e^2}\right|_{e=0} + \cdots \tag{2.186}$$

$$= M + e\left.\frac{\partial E}{\partial e}\right|_{e=0} + \frac{e^2}{2}\left.\frac{\partial^2 E}{\partial e^2}\right|_{e=0} + \cdots \tag{2.187}$$

根据开普勒方程 (2.185)，注意到偏导数 $\partial/\partial e$ 意义的 M 不变，我们有

$$\mathrm{d}E - \sin E \mathrm{d}e - e\cos E \mathrm{d}E = 0 \Rightarrow \frac{\partial E}{\partial e} = \frac{\sin E}{1 - e\cos E} \tag{2.188}$$

$$\left.\frac{\partial^i E}{\partial e^i}\right|_{e=0} = \frac{\mathrm{d}^{i-1}\sin^i E}{\mathrm{d}E^{i-1}} \tag{2.189}$$

实际上公式 (2.189) 并非直接计算得到，我们使用了拉格朗日反转定理 (Lagrange inversion theorem)。需要注意的是只有 $e < 0.6627434194\cdots$ 上述拉格朗日级数才会收敛。这个数被称为拉普拉斯极限 (Laplace limit constant)，对应为上述级数的收敛半径。

2.8 星历表计算

描述天体位置和速度随时间的函数关系的表格叫做星历表。显然，我们可以通过天体测量绘制过去时间的星历表，然后经验外推得到未来时间的星历表。我们也可以通过理论计算得到所有时间的星历表，从而与过去时间的天体测量结果对比检验理论的对错，还可以预言未来时间的天体运动。

原则上，我们通过求解牛顿万有引力定律给出的动力学方程就可以得到天体位置和速度随时间的函数 $\boldsymbol{r}(t), \dot{\boldsymbol{r}}(t)$。进而制作出星历表来。对于二体问题，前面的分析告诉我们天体的位置和速度可以由六个轨道根数来决定 $\boldsymbol{r}(C_1, C_2, C_3, C_4, C_5, C_6)$，$\dot{\boldsymbol{r}}(C_1, C_2, C_3, C_4, C_5, C_6)$。这六个轨道根数又可以是时间的函数。比如我们使用半长径 a、偏心率 e、轨道倾角 ι、升交点赤经 Ω、近日点幅角 ω、过近点时刻 τ 和平近点角 M 作为六个轨道根数。前五个都是常数，只有平近点角是时间的函数 $M = n(t - \tau)$。

2.8.1 轨道坐标系

为了定量描述天体的位置和速度，我们需要事先选定某一坐标系。所以具体的星历表是坐标系依赖的。对于二体问题而言，最简单的坐标系是所谓的轨道坐标系。有效单体问题的轨道平面选为 x-y 平面。有效单体问题中大质量天体所处位置选为坐标原点。拉普拉斯积分常数对应守恒矢量的方向选为 x 方向。沿有效单体问题中测试天体运动方向把 x 轴旋转 $90°$ 选为 y 方向。右手螺旋定则确定 z 方向。由此得到的就是二体问题的轨道坐标系。下面我们来求解轨道坐标系下

的 $\boldsymbol{r}(C_1, C_2, C_3, C_4, C_5, C_6)$，$\dot{\boldsymbol{r}}(C_1, C_2, C_3, C_4, C_5, C_6)$。根据轨道坐标系和真近点角的几何关系，我们有

$$\boldsymbol{r} = r\cos f\hat{e}_x + r\sin f\hat{e}_y \equiv r\cos f\hat{P} + r\sin f\hat{Q} \tag{2.190}$$

$$r = a(1 - e\cos E) \tag{2.191}$$

$$\cos f = \frac{\cos E - e}{1 - e\cos E} \tag{2.192}$$

$$\sin f = \sqrt{1 - \cos^2 f} = \frac{\sqrt{1 - e^2}}{1 - e\cos E}\sin E \tag{2.193}$$

$$\boldsymbol{r} = a(\cos E - e)\hat{P} + a\sqrt{1 - e^2}\sin E\hat{Q} \tag{2.194}$$

$$\dot{\boldsymbol{r}} = a\dot{E}[-\sin E\hat{P} + \sqrt{1 - e^2}\cos E\hat{Q}] \tag{2.195}$$

$$E - e\sin E = M \tag{2.196}$$

$$\dot{E}(1 - e\cos E) = \dot{M} = n \tag{2.197}$$

$$\dot{E} = \frac{n}{1 - e\cos E} \tag{2.198}$$

$$\dot{\boldsymbol{r}} = \frac{na}{1 - e\cos E}[-\sin E\hat{P} + \sqrt{1 - e^2}\cos E\hat{Q}]$$

$$= \frac{na^2}{r}[-\sin E\hat{P} + \sqrt{1 - e^2}\cos E\hat{Q}] \tag{2.199}$$

2.8.2 从轨道坐标系到任意坐标系

两个坐标系的差别包括两个方面：第一，两者坐标原点不重合；第二，两者坐标轴方向不一致。第一个差别体现为坐标系的平移，第二个差别体现为坐标系的旋转。

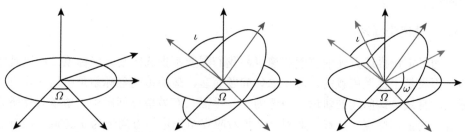

图 2.12   任意坐标系 (最右图的黑色坐标轴，正文中的带撇系) 转动欧拉角到轨道坐标系 (最右图的红色坐标轴，正文中的不带撇系)(彩图扫封底二维码)

我们先来考察坐标系的旋转。任意的旋转可以用三个欧拉角来表述。具体表现为三步：第一步，绕 z 轴旋转角度 Ω；第二步，绕新的 x 轴旋转角度 ι；第三步，绕新的 z 轴旋转角度 ω。如图 2.12 所示，这三个欧拉角刚好就是该任意坐标系描述的轨道位置：升交点赤经 Ω，轨道倾角 ι 和近日点幅角 ω。

对于位置矢量我们可以用轨道坐标系表示为 $\boldsymbol{r} = x\hat{e}_x + y\hat{e}_y + z\hat{e}_z$。同样地我们也可以用任意坐标系表示为 $\boldsymbol{r} = x'\hat{e}_x' + y'\hat{e}_y' + z'\hat{e}_z'$。显然有 $\boldsymbol{r} = x\hat{e}_x + y\hat{e}_y + z\hat{e}_z = x'\hat{e}_x' + y'\hat{e}_y' + z'\hat{e}_z'$。我们称 x、y、z 为矢量 $\boldsymbol{r}$ 在轨道坐标系下的分量；x'、y'、z' 为矢量 $\boldsymbol{r}$ 在任意坐标系下的分量。即同一个矢量我们可以用不同坐标系表述，从而得到不同分量。我们有两组坐标分量的如下关系

$$
\begin{pmatrix} x \\ y \\ z \end{pmatrix} = R_z(\omega) R_x(\iota) R_z(\Omega) \begin{pmatrix} x' \\ y' \\ z' \end{pmatrix}
\tag{2.200}
$$

更确切地 (课堂练习)，

$$
\begin{pmatrix} x \\ y \\ z \end{pmatrix} = \begin{pmatrix} \cos\omega & \sin\omega & 0 \\ -\sin\omega & \cos\omega & 0 \\ 0 & 0 & 1 \end{pmatrix} \begin{pmatrix} 1 & 0 & 0 \\ 0 & \cos\iota & \sin\iota \\ 0 & -\sin\iota & \cos\iota \end{pmatrix} \begin{pmatrix} \cos\Omega & \sin\Omega & 0 \\ -\sin\Omega & \cos\Omega & 0 \\ 0 & 0 & 1 \end{pmatrix} \begin{pmatrix} x' \\ y' \\ z' \end{pmatrix}
$$

$$
= \begin{pmatrix} \cos\omega\cos\Omega - \cos\iota\sin\omega\sin\Omega & \cos\iota\cos\Omega\sin\omega + \cos\omega\sin\Omega & \sin\iota\sin\omega \\ -\cos\Omega\sin\omega - \cos\iota\cos\omega\sin\Omega & \cos\iota\cos\omega\cos\Omega - \sin\omega\sin\Omega & \cos\omega\sin\iota \\ \sin\iota\sin\Omega & -\cos\Omega\sin\iota & \cos\iota \end{pmatrix}
$$

$$
\cdot \begin{pmatrix} x' \\ y' \\ z' \end{pmatrix}
\tag{2.201}
$$

我们也可以用逆序转动得到反过来的关系

$$
\begin{pmatrix} x' \\ y' \\ z' \end{pmatrix} = R_z(-\Omega) R_x(-\iota) R_z(-\omega) \begin{pmatrix} x \\ y \\ z \end{pmatrix}
$$

$$
= \begin{pmatrix} \cos\Omega & -\sin\Omega & 0 \\ \sin\Omega & \cos\Omega & 0 \\ 0 & 0 & 1 \end{pmatrix} \begin{pmatrix} 1 & 0 & 0 \\ 0 & \cos\iota & -\sin\iota \\ 0 & \sin\iota & \cos\iota \end{pmatrix} \begin{pmatrix} \cos\omega & -\sin\omega & 0 \\ \sin\omega & \cos\omega & 0 \\ 0 & 0 & 1 \end{pmatrix} \begin{pmatrix} x \\ y \\ z \end{pmatrix}
$$

$$= \begin{pmatrix} \cos\omega\cos\Omega - \cos\iota\sin\omega\sin\Omega & -\cos\iota\cos\omega\sin\Omega - \cos\Omega\sin\omega & \sin\iota\sin\Omega \\ \cos\omega\sin\Omega + \cos\iota\cos\Omega\sin\omega & \cos\iota\cos\omega\cos\Omega - \sin\omega\sin\Omega & -\cos\Omega\sin\iota \\ \sin\iota\sin\omega & \cos\omega\sin\iota & \cos\iota \end{pmatrix}$$

$$\cdot \begin{pmatrix} x \\ y \\ z \end{pmatrix} \tag{2.202}$$

注意到 $\hat{P} = \hat{e}_x$, 即 $x = 1, y = z = 0$。由上述关系我们得到

$$\begin{pmatrix} x' \\ y' \\ z' \end{pmatrix} = \begin{pmatrix} \cos\omega\cos\Omega - \cos\iota\sin\omega\sin\Omega \\ \cos\omega\sin\Omega + \cos\iota\cos\Omega\sin\omega \\ \sin\iota\sin\omega \end{pmatrix} \tag{2.203}$$

所以我们有

$$\hat{P} = \hat{e}_x = (\cos\omega\cos\Omega - \cos\iota\sin\omega\sin\Omega)\hat{e}'_x$$
$$+ (\cos\omega\sin\Omega + \cos\iota\cos\Omega\sin\omega)\hat{e}'_y + \sin\iota\sin\omega\hat{e}'_z \tag{2.204}$$

类似地我们有 (课堂练习)

$$\hat{Q} = \hat{e}_y = -(\cos\iota\cos\omega\sin\Omega + \cos\Omega\sin\omega)\hat{e}'_x$$
$$+ (\cos\iota\cos\omega\cos\Omega - \sin\omega\sin\Omega)\hat{e}'_y + \cos\omega\sin\iota\hat{e}'_z \tag{2.205}$$

以及轨道平面的法向方向

$$\hat{n} = \hat{e}_z = \sin\iota\sin\Omega\hat{e}'_x - \cos\Omega\sin\iota\hat{e}'_y + \cos\iota\hat{e}'_z \tag{2.206}$$

从轨道坐标系到任意坐标系的转换可以理解为先绕 x-y 平面和 x'-y' 平面交线旋转一定角度使得 z 和 z' 变得重合,从而 x-y 平面和 x'-y' 平面重合,然后绕 z 轴旋转一定角度使得 x、y 轴分别与 x'、y' 轴重合。如此只须两次转动即可完成变化。于是容易让人误解上述的三个欧拉角不独立。实际上这里的两次转动,第一次转动的方向需要确定,其对应的正好是欧拉角的 Ω。所以三个欧拉角是独立的。

2.8.3　星历表的计算

对于任意坐标系,我们都可以利用上述公式从轨道根数出发计算天体在某时刻的位置与速度,这一过程被称为星历表计算。反过来,从观测到的天体的位置和速度数据出发计算轨道根数的过程则被称为轨道计算。

下面我们讲解如何从六个轨道根数 a、e、ι、Ω、ω、M 做星历表计算得到在 t 时刻天体的位置和速度。

第 1 步：由 $M(t) = nt + M_0$ 和 e 计算偏近点角 E，即求解开普勒方程 $E - e \sin E = M$。

第 2 步：根据前面我们得到的公式 (2.194) 和 (2.199) 用抽象矢量 $\hat{P}$ 和 $\hat{Q}$ 表出位置 r 和速度 $\dot{r}$。

$$r = a(\cos E - e)\hat{P} + a\sqrt{1 - e^2} \sin E \hat{Q} \tag{2.207}$$

$$\dot{r} = \frac{na^2}{r}[-\sin E \hat{P} + \sqrt{1 - e^2} \cos E \hat{Q}] \tag{2.208}$$

$$n \equiv \frac{2\pi}{T} = \sqrt{\frac{\mu}{a^3}} \tag{2.209}$$

第 3 步：用需要的坐标系表出抽象矢量 $\hat{P}$ 和 $\hat{Q}$。

$$\hat{P} = \begin{pmatrix} \cos\omega\cos\Omega - \cos\iota\sin\omega\sin\Omega \\ \cos\omega\sin\Omega + \cos\iota\cos\Omega\sin\omega \\ \sin\iota\sin\omega \end{pmatrix} \tag{2.210}$$

$$\hat{Q} = \begin{pmatrix} -(\cos\iota\cos\omega\sin\Omega + \cos\Omega\sin\omega) \\ \cos\iota\cos\omega\cos\Omega - \sin\omega\sin\Omega \\ \cos\omega\sin\iota \end{pmatrix} \tag{2.211}$$

从日心黄道坐标到日心赤道坐标

日心黄道坐标系的坐标原点在太阳，x-y 平面为黄道面。黄道面指的是地球绕太阳公转的轨道平面。地球公转一个周期有两个时刻太阳直射地球赤道，昼夜时间平分。一个在春天，称为春分，此时地球所在公转轨道上的位置叫做春分点。另一个在秋天，称为秋分，相应的地球所在公转轨道上的位置叫做秋分点。春分是二十四个节气中的一个。二十四个节气是按地球绕太阳运动，地球在轨道上的位置来划分的，如图 2.13 所示。真近点角 $f = 0°$ 和 $f = 180°$ 分别对应冬至和夏至，$f = 90°$ 和 $f = 270°$ 分别对应春分和秋分。也就是说冬至和夏至分别对应地球公转轨道的近日点和远日点。从太阳指向春分点的方向为日心黄道坐标系的 x 轴方向。垂直于黄道面，靠近北极星 (或者说地球北极) 的那个方向为 z 轴方向。

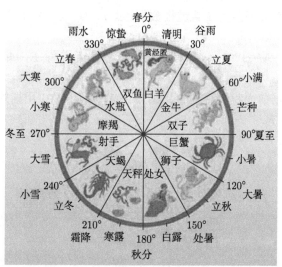

图 2.13　二十四节气示意图。图中所示角度为地球绕太阳运动椭圆轨道真近点角 f 加上 270°(或者说减掉 90°)。注意，随着时间增加这个图是顺时针方向旋转。这是因为，逆着日心赤道坐标系的 z 轴看，地球公转方向是顺时针方向运动的。在之前我们表示轨道的图中习惯让天体运行方向为逆时针方向。这个矛盾来自于 z 轴方向选择的问题

　　地心赤道坐标系的坐标原点在地球质心，x-y 平面为地球赤道面。地心赤道坐标系的 x 轴与日心黄道坐标系的 x 轴方向一样。北极星 (或者说地球北极) 的那个方向为 z 轴方向。黄道面与地球赤道面不重合，它们之间的夹角被称为黄赤交角 ϵ，如图 2.14 所示。所以地心赤道坐标系的 y 轴和 z 轴与日心黄道坐标系的 y 轴和 z 轴不同。为了从日心黄道坐标系变到地心赤道坐标系，我们首先需要把 x-y 平面从黄道面转到地球赤道面。注意到日心黄道坐标系和地心赤道坐标系的 x 轴方向是重合的，我们只需要把日心黄道坐标系绕 x 轴转负的黄赤交角 $-\epsilon$ 即可以把 x-y 平面转到地球赤道面。此时得到的坐标系称为日心赤道坐标。为方便，我们记日心黄道坐标系下的坐标为 (x, y, z)，日心赤道坐标下的坐标为 (x_1, y_1, z_1)，我们有以下关系

$$\begin{pmatrix} x_1 \\ y_1 \\ z_1 \end{pmatrix} = R_x(-\epsilon) \begin{pmatrix} x \\ y \\ z \end{pmatrix}$$

$$= \begin{pmatrix} 1 & 0 & 0 \\ 0 & \cos\epsilon & -\sin\epsilon \\ 0 & \sin\epsilon & \cos\epsilon \end{pmatrix} \begin{pmatrix} x \\ y \\ z \end{pmatrix}$$

$$= \begin{pmatrix} x \\ y\cos\epsilon - z\sin\epsilon \\ y\sin\epsilon + z\cos\epsilon \end{pmatrix} \tag{2.212}$$

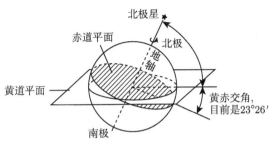

图 2.14 黄赤交角示意图

从日心赤道坐标到地心赤道坐标

接下来我们需要平移坐标原点从太阳质心到地球质心就可以从日心赤道坐标系变到地心赤道坐标系了。地心赤道坐标系下的坐标我们记为 (x_2, y_2, z_2),我们有

$$\begin{pmatrix} x_2 \\ y_2 \\ z_2 \end{pmatrix} = \begin{pmatrix} x_1 + X \\ y_1 + Y \\ z_1 + Z \end{pmatrix} \tag{2.213}$$

其中,(X, Y, Z) 是太阳质心在地心赤道坐标系下的位置坐标。

作业

已知某天体在日心黄道坐标系下的轨道根数为 a、e、ι、Ω、ω、M,写出地心赤道坐标系下天体的位置和速度坐标表达式。

2.8.4 轨道计算

如前所述,轨道计算是指从观测到的天体的位置和速度数据出发计算轨道根数。具体有两种可能的问题提法:一是观测数据为同一时刻的位置 $\boldsymbol{r}(t_0)$ 和速度 $\dot{\boldsymbol{r}}(t_0)$;二是观测数据为两个不同时刻的位置 $\boldsymbol{r}(t_1)$ 和 $\boldsymbol{r}(t_2)$。

根据 $\boldsymbol{r}(t_0)$ 和 $\dot{\boldsymbol{r}}(t_0)$ 计算轨道根数。

第 1 步:根据活力公式或者说能量守恒关系

$$-\frac{\mu}{2a} = E = \frac{1}{2}v^2 - \frac{\mu}{r} \tag{2.214}$$

计算 a:

$$a = 1 / \left(\frac{2}{r} - \frac{v^2}{\mu} \right) \tag{2.215}$$

第 2 步：由 μ 和 a 计算 n

$$n = \sqrt{\frac{\mu}{a^3}} \tag{2.216}$$

第 3 步：由轨道曲线性质，联立代数方程组

$$\begin{cases} r = a(1 - e \cos E) \\ \boldsymbol{r} \cdot \dot{\boldsymbol{r}} = a^2 e n \sin E \end{cases} \tag{2.217}$$

求解离心率 e 和偏近点角 E。可得到

$$\begin{cases} e \cos E = 1 - \dfrac{r}{a} \\ e \sin E = \dfrac{\boldsymbol{r} \cdot \dot{\boldsymbol{r}}}{a^2 n} \end{cases} \tag{2.218}$$

$$\begin{cases} e = \sqrt{\left(1 - \dfrac{r}{a}\right)^2 + \left(\dfrac{\boldsymbol{r} \cdot \dot{\boldsymbol{r}}}{a^2 n}\right)^2} \\ \tan E = \left(\dfrac{\boldsymbol{r} \cdot \dot{\boldsymbol{r}}}{a^2 n}\right) \Big/ \left(1 - \dfrac{r}{a}\right) \end{cases} \tag{2.219}$$

第 4 步：由开普勒方程计算 $M = E - e \sin E$。

第 5 步：联立方程组

$$\begin{cases} \boldsymbol{r} = a(\cos E - e)\hat{P} + a\sqrt{1 - e^2} \sin E \hat{Q} \\ \dot{\boldsymbol{r}} = \dfrac{na^2}{r}\left(-\sin E \hat{P} + \sqrt{1 - e^2} \cos E \hat{Q}\right) \end{cases} \tag{2.220}$$

求解抽象矢量 $\hat{P}$ 和 $\hat{Q}$，具体可得到

$$\begin{cases} \hat{P} = \dfrac{\cos E}{r}\boldsymbol{r} - \dfrac{\sin E}{an}\dot{\boldsymbol{r}} \\ \hat{Q} = \dfrac{\sin E}{r\sqrt{1 - e^2}}\boldsymbol{r} + \dfrac{\cos E - e}{an\sqrt{1 - e^2}}\dot{\boldsymbol{r}} \end{cases} \tag{2.221}$$

第 6 步：由关系 $\hat{n} = \hat{P} \times \hat{Q}$ 计算轨道平面单位法向矢量。

第 7 步：根据式 (2.203)～式 (2.206) 的分析结果，我们可以得到

$$\hat{n}_x = \sin \iota \sin \Omega \tag{2.222}$$

$$\hat{n}_y = -\cos \Omega \sin \iota \tag{2.223}$$

$$\hat{n}_z = \cos \iota \tag{2.224}$$

$$\hat{P}_z = \sin \iota \sin \omega \tag{2.225}$$

$$\hat{Q}_z = \cos \omega \sin \iota \tag{2.226}$$

由此我们可以计算描述轨道位置的三个角度

$$\Omega = -\arctan \frac{\hat{n}_x}{\hat{n}_y} \tag{2.227}$$

$$\omega = \arctan \frac{\hat{P}_z}{\hat{Q}_z} \tag{2.228}$$

$$\iota = \arccos \hat{n}_z \tag{2.229}$$

上述的第 5 ~ 第 7 步是为了求轨道位置的三个角度 Ω, ω, ι。我们也可以角动量守恒矢量与这三个角度的关系来求解。于是上述的第 5 ~ 第 7 步可替换为

第 5 步：计算守恒的角动量矢量

$$\boldsymbol{h} = \boldsymbol{r} \times \dot{\boldsymbol{r}} = A\hat{i} + B\hat{j} + C\hat{k} \tag{2.230}$$

这里我们把角动量矢量 $\boldsymbol{h}$ 的三个坐标分量记为了 A, B, C。用 h 表示角动量矢量的大小，根据关系

$$\begin{cases} A = h \sin \Omega \sin \iota \\ B = -h \cos \Omega \sin \iota \\ C = h \cos \iota \end{cases} \tag{2.231}$$

可以求解角度 ι 和 Ω

$$\cos \iota = \frac{C}{h} \tag{2.232}$$

$$\cos \Omega = -\frac{B}{h \sin \iota} \tag{2.233}$$

第 6 步：计算离心率矢量

$$\boldsymbol{e} = -\frac{1}{\mu} \left(\boldsymbol{h} \times \dot{\boldsymbol{r}} + \mu \frac{\boldsymbol{r}}{r} \right) \tag{2.234}$$

根据 $\boldsymbol{h}$ 和 $\boldsymbol{e}$ 的方向分别计算 $\hat{n} = \dfrac{\boldsymbol{h}}{h}$ 和 $\hat{P} = \dfrac{\boldsymbol{e}}{e}$。再由右手螺旋定则计算 $\hat{Q} = \hat{n} \times \hat{P}$。最后计算角度 ω

$$\omega = \arctan \frac{\hat{P}_z}{\hat{Q}_z} \tag{2.235}$$

根据 $r(t_1)$ 和 $r(t_2)$ 计算轨道根数。

第 1 步：计算半长轴 a

为简化记号，下面用下标 1 表示 t_1 时刻对应的相关物理量，用下标 2 表示 t_2 时刻对应的相关物理量。考虑 t_1 和 t_2 两个时刻的开普勒方程

$$nt_1 + M_0 = E_1 - e\sin E_1 \tag{2.236}$$

$$nt_2 + M_0 = E_2 - e\sin E_2 \tag{2.237}$$

两式相减得到

$$n(t_2 - t_1) = E_2 - E_1 - e(\sin E_2 - \sin E_1)$$
$$= E_2 - E_1 - 2e\cos\frac{E_2 + E_1}{2}\sin\frac{E_2 - E_1}{2} \tag{2.238}$$

引入辅助变量

$$q \equiv \frac{E_2 - E_1}{2} \tag{2.239}$$

$$\cos p \equiv e\cos\frac{E_2 + E_1}{2} \tag{2.240}$$

则上面的等式变为

$$n(t_2 - t_1) = E_2 - E_1 - 2\cos p\sin q$$
$$= 2q - [\sin(p + q) - \sin(p - q)] \tag{2.241}$$

进一步引入辅助变量

$$\epsilon \equiv p + q \tag{2.242}$$

$$\delta \equiv p - q \tag{2.243}$$

则上面的等式进一步约化为

$$n(t_2 - t_1) = \epsilon - \delta - (\sin\epsilon - \sin\delta) \tag{2.244}$$

$$n = \frac{\epsilon - \delta - (\sin\epsilon - \sin\delta)}{t_2 - t_1} \tag{2.245}$$

再考虑 t_1 和 t_2 两个时刻的轨道形状方程

$$r_1 = a(1 - e\cos E_1) \tag{2.246}$$

$$r_2 = a(1 - e\cos E_2) \tag{2.247}$$

两式相加得到

$$
\begin{aligned}
r_1 + r_2 &= a[2 - e(\cos E_1 + \cos E_2)] \\
&= a\left(2 - 2e\cos\frac{E_1 + E_2}{2}\cos\frac{E_1 - E_2}{2}\right) \\
&= 2a(1 - \cos p\cos q)
\end{aligned} \tag{2.248}
$$

又因为 $\boldsymbol{r} = a(\cos E - e)\hat{P} + a\sqrt{1 - e^2}\sin E\hat{Q}$，有

$$\boldsymbol{r}_2 - \boldsymbol{r}_1 = a(\cos E_2 - \cos E_1)\hat{P} + a\sqrt{1 - e^2}(\sin E_2 - \sin E_1)\hat{Q} \tag{2.249}$$

$$|\boldsymbol{r}_2 - \boldsymbol{r}_1| = 2a\sin p\sin q \tag{2.250}$$

引入记号 $\sigma \equiv |\boldsymbol{r}_2 - \boldsymbol{r}_1| = 2a\sin p\sin q$，则

$$r_1 + r_2 \pm \sigma = 2a[1 - \cos(p \pm q)] = 4a\sin^2\frac{p \pm q}{2} \tag{2.251}$$

也即

$$4a\sin^2\frac{\epsilon}{2} = r_1 + r_2 + \sigma \tag{2.252}$$

$$4a\sin^2\frac{\delta}{2} = r_1 + r_2 - \sigma \tag{2.253}$$

马上得到

$$\sin\frac{\epsilon}{2} = \pm\sqrt{\frac{r_1 + r_2 + \sigma}{4a}} \tag{2.254}$$

$$\sin\frac{\delta}{2} = \pm\sqrt{\frac{r_1 + r_2 - \sigma}{4a}} \tag{2.255}$$

上述方程中的正负号我们没有办法先验确定，其四种组合刚好对应当前问题的四组解。我们把这四组解分别代入式 (2.245)，得到用 a 表出的 n，再结合方程 $n^2a^3 = \mu$ 得到关于 a 的方程，注意到 $t_1, t_2, r_1, r_2, \sigma$ 都可从观测数据 $\boldsymbol{r}(t_1)$ 和 $\boldsymbol{r}(t_2)$ 得到，所以通过求解这个关于 a 的方程便可得到轨道根数 a。根据得到的 a，我们可以进一步得到 ϵ, δ, p, q。

　　第 2 步：计算离心率 e

$$\cos E_2 = \cos(E_2 - E_1 + E_1)$$

$$= \cos(E_2 - E_1)\cos E_1 - \sin(E_2 - E_1)\sin E_1$$

$$= \cos(\epsilon - \delta)\cos E_1 - \sin(\epsilon - \delta)\sin E_1 \tag{2.256}$$

$$e\sin E_1 = \frac{e\cos E_1\cos(\epsilon - \delta) - e\cos E_2}{\sin(\epsilon - \delta)} \tag{2.257}$$

注意到 $e\cos E = 1 - \dfrac{r}{a}$，上式变为

$$e\sin E_1 = \frac{(1 - \dfrac{r_1}{a})\cos(\epsilon - \delta) - (1 - \dfrac{r_2}{a})}{\sin(\epsilon - \delta)} \tag{2.258}$$

注意到 $r_1, r_2, a, \epsilon, \delta$ 都是已知的，上述方程的右端完全已知。我们再联立方程 $e\cos E_1 = 1 - \dfrac{r_1}{a}$，便可解出 e 和 E_1 来。进而我们可以得到 M_0，便得到轨道根数 e 和 M。同时我们也可以很容易得到 E_2。

第 3 步：计算描述轨道位置的三个角度。

利用位置矢量关系

$$\boldsymbol{r}_1 = a(\cos E_1 - e)\hat{P} + a\sqrt{1 - e^2}\sin E_1 \hat{Q} \tag{2.259}$$

$$\boldsymbol{r}_2 = a(\cos E_2 - e)\hat{P} + a\sqrt{1 - e^2}\sin E_2 \hat{Q} \tag{2.260}$$

注意到 $\boldsymbol{r}_1$ 和 $\boldsymbol{r}_2$ 是观测数据，$a, e, E_{1,2}$ 都是已知量，求解上述两个方程我们可以得到 $\hat{P}$ 和 $\hat{Q}$。接下来利用上一个轨道计算问题的类似步骤便可得到描述轨道位置的三个角度 Ω, ω, ι。

上述步骤采用了和上一个轨道计算问题的类似步骤和思路，先从计算轨道长半轴开始。实际上，我们可以根据两个位置向量直接确定轨道平面的信息，即先从描述轨道平面的两个角度 Ω, ι 开始入手。很自然轨道面法向量与 $\boldsymbol{r}_1 \times \boldsymbol{r}_2$ 同向（假设 $t_1 < t_2$）。对照 (2.231) 式，我们有

$$\boldsymbol{r}_1 \times \boldsymbol{r}_2 = r_1 r_2 \sin(f_2 - f_1)\begin{pmatrix} \sin\iota\sin\Omega \\ -\sin\iota\cos\Omega \\ \cos\iota \end{pmatrix} \tag{2.261}$$

$$\boldsymbol{r}_1 \cdot \boldsymbol{r}_2 = r_1 r_2 \cos(f_2 - f_1) \tag{2.262}$$

上面包含 4 个方程，但独立的方程是 3 个，我们可以选第 1，3，4 这三个方程，方程左边都是观测数据，为已知，右边包含 $\Omega, \iota, f_2 - f_1$ 这三个未知数，可以如下解出得到。根据式 (2.262) 我们可以解出 $f_2 - f_1$。把结果代入式 (2.261) 的第三个方程我们可以解出 ι，在把结果代入式 (2.261) 的第一个方程我们可以解出 Ω。

从轨道坐标系到观测用坐标系有

$$\boldsymbol{r}_i = R_z(-\Omega)R_x(-\iota)R_z(-\omega)\begin{pmatrix} r_i\cos f_i \\ r_i\sin f_i \\ 0 \end{pmatrix} \tag{2.263}$$

$$R_z(\Omega)\boldsymbol{r}_i = R_x(-\iota)R_z(-\omega)\begin{pmatrix} r_i\cos f_i \\ r_i\sin f_i \\ 0 \end{pmatrix} \tag{2.264}$$

$$\begin{pmatrix} x_i\cos\Omega + y_i\sin\Omega \\ -x_i\sin\Omega + y_i\cos\Omega \\ z_i \end{pmatrix} = \begin{pmatrix} r_i\cos(\omega + f_i) \\ r_i\cos\iota\sin(\omega + f_i) \\ r_i\sin\iota\sin(\omega + f_i) \end{pmatrix} \tag{2.265}$$

根据上述第一个方程，对于 $i = 1,2$ 两个点，我们可以解出 $\omega + f_i$。但我们没有办法进一步解出 ω 和 f_i。这是因为 ω 的信息包含在两个点 $\boldsymbol{r}_i$ 对应的两个时刻 t_i 中。为了求解 ω 我们必须使用上述步骤求解。所以我们在这里叙述的方法不能独立地求解所有的轨道根数。

借助上述方法求得 ω 后，我们可以直接得到 ω, f_1, f_2。再考虑轨道方程

$$r_i = \frac{p}{1 + e\cos f_i} \tag{2.266}$$

我们有两个方程求解两个未知数 e, p。最后根据 $a = \dfrac{p}{1 - e^2}$ 得到半长轴。再根据 $\cos E = \dfrac{e + \cos f}{1 + e\cos f}$ 我们可以求出 $E_{1,2}$，根据 $nt_i + M_0 = E_i - e\sin E_i$ 我们可以求出 M_0 从而求得轨道根数 M。

独立于前述求解 a 的方法，我们可以用 $M_{1,2}$ 和 e 表达出 $E_{1,2}$ 进而表达出 $f_{1,2}$。注意到 M_2 可以用 M_1 和 n 或者说 a 表出，所以 $f_2 - f_1$ 被转换成 M_1 和 a 的函数。再结合式 (2.266) 的两个方程，我们得到关于 a, e 和 M_1 的三个方程。得到 a 和 e 之后由式 (2.266) 可以简单得到 $f_{1,2}$。其他轨道根数就可以相应得到。

2.8.5 状态传递

在实际问题中，很多时候我们需要根据观测数据预测未来天体的运动行为。按上面讲解的思路就是先根据观测数据计算轨道，再根据轨道根数构造星历表。实际上我们也可以直接从观测到的某 t_0 时刻的天体位置和速度构造出其他时刻的位置和速度。我们采用泰勒展开的思路

$$\boldsymbol{r}(t) = \boldsymbol{r}(t_0) + \frac{\mathrm{d}\boldsymbol{r}}{\mathrm{d}t}\bigg|_{t_0}(t - t_0) + \frac{\mathrm{d}^2\boldsymbol{r}}{\mathrm{d}t^2}\bigg|_{t_0}\frac{(t - t_0)^2}{2} + \cdots$$

$$= \boldsymbol{r}(t_0) + \dot{\boldsymbol{r}}(t_0)(t - t_0) + \boldsymbol{a}(t_0)\frac{(t - t_0)^2}{2} + \cdots \tag{2.267}$$

根据动力学方程加速度可以写成位置矢量 $\boldsymbol{r}$ 的函数，三阶导数则是这个函数的时间导数，变成速度 $\dot{\boldsymbol{r}}$ 的函数，四阶导数则是这个速度函数的导数，变成加速度的函数，加速度再一次用动力学方程换成位置的函数。依次类推，我们会发现，导数项一定是速度 $\dot{\boldsymbol{r}}$ 和位置 $\boldsymbol{r}$ 的矢量组合，组合系数是 r 和 $\boldsymbol{r} \cdot \dot{\boldsymbol{r}}$ 的函数。于是我们可以得出结论，$\boldsymbol{r}(t)$ 可以写成 $\boldsymbol{r}(t_0)$ 和 $\dot{\boldsymbol{r}}(t_0)$ 的矢量组合，而组合系数为时间 t 的函数，即

$$\boldsymbol{r}(t) = F(t)\boldsymbol{r}(t_0) + G(t)\dot{\boldsymbol{r}}(t_0) \tag{2.268}$$

$$\dot{\boldsymbol{r}}(t) = \dot{F}(t)\boldsymbol{r}(t_0) + \dot{G}(t)\dot{\boldsymbol{r}}(t_0) \tag{2.269}$$

上述两个方程被称为状态传递函数。

基于上述状态传递函数，我们就可以直接从观测到的某 t_0 时刻的天体位置和速度构造出其他时刻的位置和速度。剩下的问题就是如何得到 4 个函数 $F(t), G(t)$, $\dot{F}(t), \dot{G}(t)$。为了求解 $F(t)$，我们用 $\dot{\boldsymbol{r}}(t_0)$ 从右叉乘方程 (2.268) 的两边，得到

$$\boldsymbol{r}(t) \times \dot{\boldsymbol{r}}(t_0) = F(t)\boldsymbol{r}(t_0) \times \dot{\boldsymbol{r}}(t_0) \tag{2.270}$$

$$F(t) = \frac{[\boldsymbol{r}(t) \times \dot{\boldsymbol{r}}(t_0)] \cdot \hat{n}}{[\boldsymbol{r}(t_0) \times \dot{\boldsymbol{r}}(t_0)] \cdot \hat{n}} \tag{2.271}$$

类似地，用 $\boldsymbol{r}(t_0)$ 从左叉乘方程 (2.268) 的两边，得到

$$\boldsymbol{r}(t_0) \times \boldsymbol{r}(t) = G(t)\boldsymbol{r}(t_0) \times \dot{\boldsymbol{r}}(t_0) \tag{2.272}$$

$$G(t) = \frac{[\boldsymbol{r}(t_0) \times \boldsymbol{r}(t)] \cdot \hat{n}}{[\boldsymbol{r}(t_0) \times \dot{\boldsymbol{r}}(t_0)] \cdot \hat{n}} \tag{2.273}$$

再根据式 (2.194) 和式 (2.199)

$$\boldsymbol{r} = a(\cos E - e)\hat{P} + a\sin E\sqrt{1 - e^2}\hat{Q} \tag{2.274}$$

$$\dot{\boldsymbol{r}} = -\frac{\sqrt{\mu a}}{r}\sin E\hat{P} + \frac{\sqrt{\mu a}}{r}\cos E\sqrt{1 - e^2}\hat{Q} \tag{2.275}$$

我们有

$$\boldsymbol{r}(t_0) \times \dot{\boldsymbol{r}}(t_0) = \sqrt{\mu a(1 - e^2)}\hat{n} \tag{2.276}$$

$$\boldsymbol{r}(t) \times \dot{\boldsymbol{r}}(t_0) = \sqrt{\mu a(1 - e^2)}\frac{a}{r_0}[\cos E_0(\cos E - e) + \sin E_0 \sin E]\hat{n} \tag{2.277}$$

$$\boldsymbol{r}(t_0) \times \boldsymbol{r}(t) = a^2\sqrt{1-e^2}[(\cos E_0 - e)\sin E - (\cos E - e)\sin E_0]\hat{n} \tag{2.278}$$

所以

$$\begin{aligned}
F(t) &= \frac{a}{r_0}[\cos E_0(\cos E - e) + \sin E_0 \sin E] \\
&= \frac{a}{r_0}(-e\cos E_0 + \cos E_0 \cos E + \sin E_0 \sin E) \\
&= \frac{a}{r_0}(1 - e\cos E_0 - 1 + \cos E_0 \cos E + \sin E_0 \sin E) \\
&= 1 - \frac{a}{r_0}[1 - \cos(E - E_0)] \tag{2.279}
\end{aligned}$$

$$\begin{aligned}
G(t) &= \sqrt{\frac{a^3}{\mu}}[(\cos E_0 - e)\sin E - (\cos E - e)\sin E_0] \\
&= \sqrt{\frac{a^3}{\mu}}(\cos E_0 \sin E - \sin E_0 \cos E - e\sin E + e\sin E_0) \\
&= \sqrt{\frac{a^3}{\mu}}[\sin(E - E_0) - e(\sin E - \sin E_0)] \tag{2.280}
\end{aligned}$$

根据开普勒方程 $M = E - e\sin E$，有

$$e(\sin E - \sin E_0) = (E - E_0) - (M - M_0) = (E - E_0) - n(t - t_0) \tag{2.281}$$

用记号 $\Delta E \equiv E - E_0, \Delta t = t - t_0$，再注意到 (2.209)，即 $n = \sqrt{\dfrac{\mu}{a^3}}$，得到

$$F(t) = 1 - \frac{a}{r_0}(1 - \cos\Delta E) \tag{2.282}$$

$$\begin{aligned}
G(t) &= \frac{1}{n}(\sin\Delta E - \Delta E + n\Delta t) \\
&= \Delta t + \frac{1}{n}(\sin\Delta E - \Delta E) \tag{2.283}
\end{aligned}$$

把上面两个式子对时间求导我们得到

$$\dot{F}(t) = -\frac{a}{r_0}\sin\Delta E\,\dot{E} \tag{2.284}$$

$$\dot{G}(t) = 1 + \frac{1}{n}(\cos\Delta E - 1)\dot{E} \tag{2.285}$$

根据开普勒方程 $M = E - e\sin E$，对时间求导我们得到 $n = (1 - e\cos E)\dot{E} = \dfrac{r}{a}\dot{E}$。于是上面两个表达式继续化为

$$\dot{F}(t) = -\frac{a^2 n}{r r_0}\sin\Delta E \tag{2.286}$$

$$\dot{G}(t) = 1 + \frac{a}{r}(\cos\Delta E - 1) \tag{2.287}$$

最后我们需要求解的就是 r 和 ΔE 关于 t 的函数关系。为此，我们再一次考察关系 (2.281)

$$
\begin{aligned}
n\Delta t &= \Delta E - e(\sin E - \sin E_0)\\
&= \Delta E - e[\sin(E_0 + \Delta E) - \sin E_0]\\
&= \Delta E - e(\sin E_0\cos\Delta E + \cos E_0\sin\Delta E - \sin E_0)\\
&= \Delta E - e\cos E_0\sin\Delta E + e\sin E_0(1 - \cos\Delta E) \tag{2.288}
\end{aligned}
$$

注意到

$$e\cos E_0 = 1 - \frac{r_0}{a} \tag{2.289}$$

$$\boldsymbol{r}_0 \cdot \dot{\boldsymbol{r}}_0 = \sqrt{\mu a}\,e\sin E_0 \tag{2.290}$$

所以我们得到关于 ΔE 的方程

$$n\Delta t = \Delta E - \left(1 - \frac{r_0}{a}\right)\sin\Delta E + \frac{\boldsymbol{r}_0 \cdot \dot{\boldsymbol{r}}_0}{\sqrt{\mu a}}(1 - \cos\Delta E) \tag{2.291}$$

根据式 (2.215) 我们有

$$a = 1\Big/\left(\frac{2}{r_0} - \frac{\dot{\boldsymbol{r}}_0 \cdot \dot{\boldsymbol{r}}_0}{\mu}\right) \tag{2.292}$$

所以只要初始状态 $\boldsymbol{r}_0$ 和 $\dot{\boldsymbol{r}}_0$ 已知，式 (2.291) 就是一个关于 ΔE 的超越方程。求解这个超越方程我们就可以得到 ΔE，进而得到 E 和 $r = a(1 - e\cos E)$，再代入上面的关系我们便得到作为时间 t 的函数 $F, G, \dot{F}, \dot{G}$，从而得到天体在任意时刻的位置和速度。

2.8.6　光学测角与轨道计算

对于天体的观测资料最容易进行的是光学测角。一个实用且有趣的问题是如何从测角数据得到天体运动的轨道信息，即六个轨道根数。

注意我们的测角观测是相对于观测站进行的，观测站在我们实际使用的坐标系中的位置我们记为 $\boldsymbol{R}$。假设天体相对于观测站的位置是 $\boldsymbol{\rho}$，则它相对于我们实际使用的坐标系的位置为

$$\boldsymbol{r} = \boldsymbol{\rho} + \boldsymbol{R} \tag{2.293}$$

一般地，观测站相对于我们实际使用的坐标系也可能在运动，不同时刻有不同的观测站位置 $\boldsymbol{R}_i$，这里的下标 i 指不同时刻。所以我们有不同时刻天体的位置

$$\boldsymbol{r}_i = \boldsymbol{\rho}_i + \boldsymbol{R}_i \tag{2.294}$$

对于观测站我们使用赤纬、赤经球坐标系，则有

$$\boldsymbol{\rho}_i = \begin{pmatrix} \rho_i \cos \delta_i \cos \alpha_i \\ \rho_i \cos \delta_i \sin \alpha_i \\ \rho_i \sin \delta_i \end{pmatrix} \tag{2.295}$$

根据测角数据，δ_i 和 α_i 是已知的。它们分别被称为赤纬和赤经。为简化记号我们记 $\lambda \equiv \cos \delta \cos \alpha$，$\mu \equiv \cos \delta \sin \alpha$，$\nu \equiv \sin \delta$ 和

$$\boldsymbol{R}_i = \begin{pmatrix} X_i \\ Y_i \\ Z_i \end{pmatrix} \tag{2.296}$$

$$\boldsymbol{r}_i = \begin{pmatrix} x_i \\ y_i \\ z_i \end{pmatrix} \tag{2.297}$$

于是我们有

$$x_i = \rho_i \lambda_i + X_i \tag{2.298}$$

$$y_i = \rho_i \mu_i + Y_i \tag{2.299}$$

$$z_i = \rho_i \nu_i + Z_i \tag{2.300}$$

通过上述第三个方程

$$\rho_i = \frac{z_i - Z_i}{\nu_i} \tag{2.301}$$

把该结果代入上述的前两个方程我们得到

$$x_i \nu_i = \lambda_i (z_i - Z_i) + X_i \nu_i \tag{2.302}$$

$$y_i \nu_i = \mu_i (z_i - Z_i) + Y_i \nu_i \tag{2.303}$$

注意到观测站信息是已知的，即 X_i, Y_i, Z_i 均已知；通过测角信息，λ_i, μ_i, ν_i 均已知。当我们有 3 组测角数据，即 $i = 1, 2, 3$ 时，由上述关系就得到六个方程，但初看起来有 $x_i, y_i, z_i, i = 1, 2, 3$ 九个未知数，不够解。注意到天体任意时刻的位置可以表达为六个轨道根数的函数，所以实质上只有六个未知数，即六个轨道根数。六个方程解六个未知数，原则上没有问题，但这个方程比较复杂不容易解。具体地，我们采用下述方法求解。任选一个初始时刻 t_0，先用状态转移函数表达 r_i

$$\boldsymbol{r}_i = F_i \boldsymbol{r}_0 + G_i \dot{\boldsymbol{r}}_0 \tag{2.304}$$

基于测量数据，$t_i, i = 1, 2, 3$ 自然是已知的，基于假设 t_0，$\Delta t_i \equiv t_i - t_0$ 也是已知的。根据 2.8.5 节我们讲过的结果，我们可以从 $\boldsymbol{r}_0$ 和 $\dot{\boldsymbol{r}}_0$ 把 $F(t_i)$ 和 $G(t_i)$ 算出来。把这些结果代入方程 (2.302) 和方程 (2.303)，我们就得到关于 $\boldsymbol{r}_0$ 和 $\dot{\boldsymbol{r}}_0$ 六个未知数的六个方程，从而可以求解。

2.9 宇 宙 速 度

第一宇宙速度、第二宇宙速度和第三宇宙速度分别是指从地面向宇宙空间发射人造地球卫星、行星际飞行器和恒星际飞行器所具备的最低速度。

2.9.1 第一宇宙速度

人造地球卫星指的是人造天体与地球形成二体系统。对于该二体系统，能量守恒告诉我们关系

$$\frac{1}{2} v_0^2 = E + \frac{\mu}{r_\oplus} \tag{2.305}$$

其中，v_0 是发射速度，是我们可以控制的变量，由于燃料的关系，也是我们想尽量减小的量。因为发射点在地球表面，所以其对应的离地球质心的距离为地球半径 $r_\oplus$，这是我们改变不了的。

注意到式 (2.305) 右边第二项我们改变不了，所以需要发射速度 v_0 最小也就是需要总能量 E 为最小。为了让天体飞起来，需要考虑的是轨道上任何地方离地球质心的距离都必须要大于地球半径，否则天体会撞到地面上。而轨道上的点离地球质心最近的点就是近心点，其离地球质心的距离为 $a - ae$。再根据总能量与半长轴的关系 $a = -\dfrac{\mu}{2E}$，我们有

$$r_\oplus < a(1 - e) = -\frac{\mu}{2E}(1 - e) \tag{2.306}$$

$$E > -\frac{\mu}{2r_\oplus}(1 - e) \tag{2.307}$$

注意到，离心率 e 的取值范围是 $e \geqslant 0$，而上式告诉我们 e 越大能量越大，从而发射速度越大。为了让发射速度最小，我们的选择是 $e = 0$，即圆轨道。既然是圆轨道，我们的发射速度方向自然是切于地表的方向。圆轨道也即轨道任意位置处离地球质心的距离 r 都是 a。发射点处也不例外，$r_\oplus = a$。于是方程 (2.305) 约化为

$$\begin{aligned}
\frac{1}{2}v_0^2 &= E + \frac{\mu}{r_\oplus} \\
&= -\frac{\mu}{2a} + \frac{\mu}{r_\oplus} \\
&= -\frac{\mu}{2r_\oplus} + \frac{\mu}{r_\oplus} \\
&= \frac{\mu}{2r_\oplus} \tag{2.308}
\end{aligned}$$

$$v_0 = \sqrt{\frac{\mu}{r_\oplus}} \tag{2.309}$$

为后文方便我们记第一宇宙速度为 $v_1 \equiv \sqrt{\dfrac{\mu}{r_\oplus}} \approx 7.91\text{km/s}$。

在地球赤道上的地球自转线速度约为 466m/s。发射人造地球卫星最小速度可以把这个速度利用上，以速度约 7.44km/s 在赤道上顺着地球自转方向发射可以得到顺着地球自转方向绕地球旋转的掠过赤道上方的卫星。

理想地设想，如果地球自转速度可以达到第一宇宙速度 v_1，那么地球上的东西就自动飞起来了。这样的转速在天文学中又被称为开普勒极限 (Kepler limit) 速度。在天体物理中经常被用来估计星体的自转速度。

2.9.2 第二宇宙速度

行星际飞行器需要逃离地球的引力作用，也即天体相对于地球的轨道是一个无界的轨道，天体可以跑到无穷远。由上面的分析我们已经知道，轨道的能量越低，发射所需的速度也越低。能量最低的无界轨道是抛物线轨道，对应 $e = 1, E = 0$。于是方程 (2.305) 约化为

$$\frac{1}{2}v_0^2 = E + \frac{\mu}{r_\oplus} \tag{2.310}$$

$$v_0 = \sqrt{\frac{2\mu}{r_\oplus}} \tag{2.311}$$

也即第二宇宙速度是第一宇宙速度的 $\sqrt{2}$ 倍。为后文方便我们记第二宇宙速度为

$$v_2 \equiv \sqrt{\frac{2\mu}{r_\oplus}} \approx 11.18\text{km/s}。$$

课堂思考

以第二宇宙速度发射的航天器，逃到无穷远了，是一个什么样的飞行状态？

实际上这里的"无穷远"是相对于地球而言的。到达这个"无穷远"后航天器相对于地球静止，所以实际上我们得到的是一个以地球轨道绕太阳飞行的人造行星。

2.9.3 第三宇宙速度

恒星际飞行器需要逃离太阳的引力作用，也即天体相对于太阳的轨道是一个无界的轨道，天体可以跑到无穷远。这里的无穷远是相对于太阳的无穷远。

对于二体问题而言，我们现在考虑的是太阳-航天器组成的二体问题。所以形式上我们只需要把公式 (2.311) 中的地球半径改成太阳半径就可以了，只可惜我们不是在太阳表面发射火箭，而是在离太阳距离为日地距离 r_A 的地方发射火箭！也就是说我们需要得到一个航天器，在距离太阳 1AU 的位置上，所以我们应该把公式 (2.311) 中的地球半径改成日地距离 $v_p = \sqrt{\dfrac{2\mu}{r_A}}$。形式上来说，只要航天器在距离太阳 1AU 的位置上以速度 v_p 飞行就可以飞到相对于太阳无穷远的地方，即飞出太阳系。

注意到地球本身在以速度 v_e(约为 29.79km/s) 绕太阳运动。我们只要发射火箭时与该速度方向一致，就可以节省这部分速度 $v' = v_p - v_e$。

课堂思考

我们在上面分析第一和第二宇宙速度的时候为什么没有利用这个速度？

因为运动是相对的，第一和第二宇宙速度涉及的是地球-航天器二体系统，我们需要的是相对于地球的速度。这是等效原理导致的后果。

但还要注意，我们发射的火箭一开始需要克服地球的引力作用而消耗部分能量，接下来才是克服太阳引力作用飞到无穷远。克服地球的引力作用而消耗的能量即第二宇宙速度对应的动能。所以我们有第三宇宙速度

$$v_3 = \sqrt{v_2^2 + v'^2} \tag{2.312}$$

约为 16.72km/s。

所以根据能量守恒关系

$$\frac{1}{2}v_3^2 = E_e + \frac{GM_e}{r_\oplus} \tag{2.313}$$

我们会得到一个相对于地球的双曲线轨道，然后根据

$$\frac{1}{2}v_p^2 = E_s + \frac{GM_s}{r_A} \tag{2.314}$$

接下来是相对于太阳的抛物线轨道飞出太阳系。

2.10 作 用 范 围

前面我们在讲第二宇宙速度的时候说到天体飞到无穷远，在讲第三宇宙速度的时候又说到天体飞到无穷远。哪来这么多无穷远呢？这里的无穷远是相对于二体问题的抽象说法，或者叫模型化说法。这些说法只有在二体问题成立的时候才有意义。天体在宇宙中真实的运动并不是严格的二体问题，因此，我们需要对二体问题的适用范围给出一个大致的界限。假设小质量天体 P 在两个质量分别为 M 和 m 的大质量天体 P_1 和 P_2 的作用下运动，那么什么情况下可以认为是 P 与 P_1 的二体问题或者是 P 与 P_2 的二体问题呢？这里就需用引力作用范围的概念来划分。

记 P_1-P_2 之间的距离为 A，P-P_1 之间的距离为 R，P-P_2 之间的距离为 r，三个天体的相对位置如图 2.15 所示。

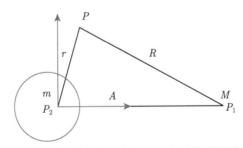

图 2.15　三个天体的相对位置及引力作用范围示意图

2.10.1　引力作用范围

我们定义引力作用范围的边界为 P 受到来自 P_1 的引力等于 P 受到来自 P_2 的引力的地方。如图 2.15 所示，我们以 P_2 为原点建立坐标系，P_2-P_1 方向为 x 轴方向，垂直 x 轴且与 P_2-P 方向大致一样的方向为 y 轴，我们得到如图 2.15 所示的坐标系。基于这个坐标系，P 受到来自 P_1 的引力等于 P 受到来自 P_2 的引力的地方的坐标 (x, y, z) 满足

$$\frac{m}{x^2 + y^2 + z^2} = \frac{M}{(x - A)^2 + y^2 + z^2} \tag{2.315}$$

$$(M - m)x^2 + 2mAx + (M - m)y^2 + (M - m)z^2 = mA^2 \tag{2.316}$$

$$(M - m)\left(x + \frac{mA}{M - m}\right)^2 + (M - m)y^2 + (M - m)z^2 = mA^2 + \frac{m^2A^2}{M - m} \tag{2.317}$$

$$\left(x + \frac{mA}{M - m}\right)^2 + y^2 + z^2 = \frac{MmA^2}{(M - m)^2} \tag{2.318}$$

由上式可见引力作用范围的边界是以 $\left(-\dfrac{qA}{1 - q}, 0, 0\right)$ 为心，$r_1 = \dfrac{A\sqrt{q}}{1 - q}$ 为半径的球面。这里我们使用了记号 $q \equiv \dfrac{m}{M}$。当 $q \ll 1$ 时，我们有

$$r_1 \approx \sqrt{q}A \tag{2.319}$$

2.10.2　引潮比作用范围

测试天体 P 相对于 P_2 的加速度可以分别由两个力产生。一是 P_2 对 P 直接的引力，二是 P_1 作用到 $P\text{-}P_2$ 天体对上的潮汐瓦解力。我们记这两个力产生的加速度分别为 $\boldsymbol{a}_{2引}$ 和 $\boldsymbol{a}_{1潮}$。所以 $\dfrac{|\boldsymbol{a}_{2引}|}{|\boldsymbol{a}_{1潮}|}$ 描述 P_2 控制 P 的相对能力。同样地，测试天体 P 相对于 P_1 的加速度也可以分别由 P_1 对 P 直接的引力和 P_2 作用到 $P\text{-}P_1$ 天体对上的潮汐瓦解力产生。我们记这两个加速度分别为 $\boldsymbol{a}_{1引}$ 和 $\boldsymbol{a}_{2潮}$。$\dfrac{|\boldsymbol{a}_{1引}|}{|\boldsymbol{a}_{2潮}|}$ 描述 P_2 控制 P 的相对能力。

于是我们定义引潮比作用范围的边界为满足下式的空间点

$$\frac{|\boldsymbol{a}_{2引}|}{|\boldsymbol{a}_{1潮}|} = \frac{|\boldsymbol{a}_{1引}|}{|\boldsymbol{a}_{2潮}|} \tag{2.320}$$

注意到

$$\boldsymbol{a}_{1潮} = GM\left(\frac{\boldsymbol{R}}{R^3} + \frac{\boldsymbol{A}}{A^3}\right) \tag{2.321}$$

$$\boldsymbol{a}_{2潮} = Gm\left(\frac{\boldsymbol{r}}{r^3} - \frac{\boldsymbol{A}}{A^3}\right) \tag{2.322}$$

$$a_{1引} = GM\frac{1}{R^2} \tag{2.323}$$

$$a_{2引} = Gm\frac{1}{r^2} \tag{2.324}$$

这里我们使用了记号 $\boldsymbol{R} = \overrightarrow{PP_1}$，$\boldsymbol{r} = \overrightarrow{PP_2}$ 和 $\boldsymbol{A} = \overrightarrow{P_1P_2}$。记引潮比作用范围边界的坐标为 (x, y, z)，代入公式 (2.320) 我们得到

$$\frac{qR^2}{A^2r^3}\sqrt{(A^2x - r^3)^2 + A^4y^2 + A^4z^2}$$
$$= \frac{r^2}{qA^2R^3}\sqrt{[A^2(x - A) + R^3]^2 + A^4y^2 + A^4z^2} \tag{2.325}$$

我们只关心 $q \ll 1$ 这种情况，根据上面讨论引力作用范围的经验，作用范围的边界基本是以 P_2 为心的一个球面，所以我们需要寻找的只是这个球面的半径。为此，我们可以只考查 P_1-P_2 连线上的那个点，此时 $y = z = 0$，而 $x = r$，$R = A - x = A - r$。于是上式变为

$$\frac{qR^2}{A^2r^3}|A^2r - r^3| = \frac{r^2}{qA^2R^3}|A^2(r - A) + R^3| \tag{2.326}$$

$$\frac{qR^2}{r^2}(A^2 - r^2) = \frac{r^2}{qR^2}(A^2 - R^2) \tag{2.327}$$

$$q^2(A - r)^4(A^2 - r^2) = r^4(A^2 - A^2 + 2Ar) \tag{2.328}$$

$$q^2(A^4 - 4A^3r)(A^2 - r^2) = 2Ar^5 \tag{2.329}$$

$$q^2(A^6 - 4A^5r) = 2Ar^5 \tag{2.330}$$

$$r \approx \left(\frac{q^2}{2}\right)^{1/5}A \tag{2.331}$$

即潮汐引力比作用范围大约为

$$r_2 \approx q^{2/5}A \tag{2.332}$$

从式 (2.330) 到式 (2.331)，我们把 $4qA^5r$ 丢掉而保留 $2Ar^5$ 的原因是 q 也是小量，而且是比 r 阶数高得多的小量。

2.10.3 希尔作用范围

希尔作用范围的概念来自天体运动的稳定性讨论。假如初始条件符合某种要求，会在初始位置附近存在一个作用范围，当初始时刻天体在此范围内时，它永远不会逃离出此范围。希尔作用范围的大小约为

$$r_3 \approx q^{1/3}A \tag{2.333}$$

我们留待后面三体问题的时候来具体讨论希尔作用范围的概念。

注意到 $q \ll 1$，大致上我们有

$$r_1 < r_2 < r_3 \tag{2.334}$$

作业

把太阳和地球分别作为上述的 P_1 和 P_2，月球作为 P，分析月地系统处在上述的哪个作用范围内？

第 3 章　天体测量简介

3.1　天体测量变换链

天体力学在相应的理论框架下描述和解释了天体的运动。而相应的理论框架有其自身的时空观和使用的参考标架。在观测方面，或者说天体测量方面，观测仪器的响应机制决定了直接观测数据所使用的参考标架。为行文方便，我们把理论描述所用的参考标架称作理论参考架；把直接观测数据所使用的参考标架称作观测参考架。很自然，我们需要理论参考架和观测参考架之间的相互变换，其相应的一连串变换过程就叫做天体测量变换链[6]。

目前，基于牛顿万有引力理论的理论参考架已经建立得比较完备，而基于爱因斯坦广义相对论引力理论的理论参考标架还在发展过程当中[7]。在本书中我们只涉及牛顿万有引力理论的参考架问题。

3.1.1　各种常用的坐标系

牛顿万有引力理论的理论参考架是惯性坐标系，所以人们尽可能地寻求惯性参考系。一个参考系由四个元素决定，一是原点，二是三个方向矢量。为叙述方便，我们用这四个元素来标记一个参考系 $(O, \hat{e}_x, \hat{e}_y, \hat{e}_z)$。实用地，人们尽可能地寻求惯性运动的参考物当作坐标原点 O，保持不变的空间方向当作方向矢量 $\hat{e}_x$，$\hat{e}_y$ 和 $\hat{e}_z$。

和观测直接相关的当然是观测站。所以最朴素的选择就是以观测站为坐标原点，地表水平面的东-北方向为 x-y 轴，竖直向上为 z 轴。这样的参考系叫做**测站地平参考系**。我们把测站地平参考系记为 $(O_g, \hat{e}_{gx}, \hat{e}_{gy}, \hat{e}_{gz})$。

因为观测站被地球自转带着转动，东-北方向也被带着转动，他们都不是惯性的，所以测站地平参考系不是惯性坐标系。自然人们想到把坐标原点放到地球质心 O_d 去。同时以地球自转方向为 $\hat{e}_z$，把经过英国格林威治天文台的子午线与地球真赤道的交点方向选为新的 x 轴，这样得到新的坐标系叫做**国际地球参考系** (International Terrestrial Reference System, ITRS) 又叫国际地面参考系统或者国际地表参考系统。我们把国际地球参考系记为 $(O_d, \hat{e}_{dx}, \hat{e}_{dy}, \hat{e}_{dz})$。国际地球参考系不光在天体测量中常用，在地球物理、大地测量等学科领域都有广泛应用。

我们知道如果地球不受到外力矩作用，其角动量是守恒的，不随时间变化。地

球的角动量可表示为

$$I = \int \rho r \times \dot{r} \mathrm{d}^3 x \qquad (3.1)$$

其中，ρ 为相对于惯性系 r 处的质量密度，$\dot{r}$ 为这个质量微团的速度。如果地球的质量分布不变，则地球可看作一个刚体，刚体的角动量可表示为

$$I = J\Omega \qquad (3.2)$$

其中，J 是作为刚体地球的转动惯量，Ω 是地球的转动角速度，包括大小和方向。只要地球的质量分布不变，其转动惯量 J 就不会变，地球的转动角速度 Ω 也就不会变。即地球自转方向是惯性运动的。

　　但现实中，地球内部的相互作用会使得地球的质量分布发生变化。因而地球自转方向不是惯性的。很自然地，人们就放弃地球自转方向而把地球角动量 I 的方向选为 z 方向，记作 $\hat{e}_{mz}$。这个角动量轴的方向也由此有个特殊名字叫**中间极**(celestial intermediate pole, CIP)。跟地球角动量 I 垂直的平面被称为中间赤道面。中间赤道面和真赤道面交线的其中一个方向被国际天文联合会指定为**地球中间零点** (terrestrial intermediate origin, TIO) 方向，记作 $\hat{e}_{dmx}$。$\hat{e}_{dmx}$ 和 $\hat{e}_{mz}$ 根据右手螺旋定则确定出 $\hat{e}_{dmy}$。由此我们得到**地球中间参考系** (terrestrial intermediate reference system, TIRS)。我们可以把地球中间参考系记为 $(O_d, \hat{e}_{dmx}, \hat{e}_{dmy}, \hat{e}_{mz})$。可见，地球中间零点也就是地球中间参考系里的经度起算点。

　　如前述所说，如果地球不受外力矩，地球角动量 I 做惯性运动，故其方向 $\hat{e}_{mz}$ 保持不变。但实际上，其他天体会对地球作用，施加力矩让地球角动量 I 发生变化。人们发现，中间极方向 $\hat{e}_{dmz}$ 可分为周期变化的部分和非周期的部分。周期变化的部分类似于地球自转带着 $\hat{e}_{dx}$ 和 $\hat{e}_{dy}$ 变化一样。于是这部分人们采用规定计时起点，即历元的方式来扣除。这个操作被人们称为历元偏置变换。目前人们习惯选 2000 年 1 月 1.5 日 (2000 年 1 月 1 日 12 时) 作为历元，记做 J2000.0。CIP 的非周期运动部分按变化的时间尺度又可划分为岁差和章动两个部分。自然地，人们分别使用岁差变换和章动变换扣除这部分非惯性运动。由此得到的就是天球 z 方向 $\hat{e}_{Iz}$。话说回来，如何刻画相对于惯性系的运动，本来就需要先定下惯性系。此处即不变的方向。近似地，地月系质心绕太阳公转的平均轨道平面是一个不错的近似。于是，人们选这个平面为 x-y 平面，称为黄道面。公转角动量的方向选为 z 轴方向 $\hat{e}_{Iz}$。黄道面和中间赤道面交线的离地球中间零点方向 $\hat{e}_{dmx}$ 最接近的那个方向被称为**天球中间零点** (celestial intermediate origin, CIO)。以天球中间零点为 x 方向 $\hat{e}_{mx}$，以中间极 $\hat{e}_{mz}$ 为 z 方向定义下来的坐标系叫做**天球中间参考系** (celestial intermediate reference system, CIRS)。我们把天球中间参考系标记为 $(O_d, \hat{e}_{mx}, \hat{e}_{my}, \hat{e}_{mz})$。

根据上述概念定义，我们有惯性方向 $\hat{e}_{Iz}$，称为天极。与天极垂直的平面称为天赤道。天赤道面和黄道面近似重合。天赤道面来源于被历元偏置、岁差和章动修正的中间赤道面。黄道面来源于地月系绕太阳的公转。理论上讲，天赤道是真正惯性的。但黄道面却不是真正惯性的。天文事实表明天赤道面和黄道面近似重合，即黄道面的惯性程度还不错。太阳相对于地球的运动在黄道面上。春分定出黄道面上的一个特殊方向。人们习惯选其为 x 轴方向。当然，春分的方向也不是保持不变的，人们可以规定某一年的春分方向作为 x 轴方向，近似地为 $\hat{e}_{Ix}$。某一年的选择又是一个历元问题。上述的 J2000.0 历元就是把从太阳指向历元那一年地球轨道春分点的位置作为 x 轴方向 $\hat{e}_{Ix}$。把方向稍做改动后，我们得到**地心天球参考系** (Geocentric Celestial Reference System, GCRS)，记为 $(O_d, \hat{e}_{Ix}, \hat{e}_{Iy}, \hat{e}_{Iz})$。

由于地心不是惯性运动，人们就把坐标原点移到太阳。以太阳系质心为原点，我们得到**质心天球参考系** (Barycentric Celestial Reference System, BCRS)，记为 $(O_I, \hat{e}_{Ix}, \hat{e}_{Iy}, \hat{e}_{Iz})$。由于太阳系绕着银河系中心做非惯性运动，于是选择一组河外射电源作为参考物，定下坐标原点，记为 O_I。由此得到**国际天球参考系** (international celestial reference system, ICRS)，记为 $(O_I, \hat{e}_{Ix}, \hat{e}_{Iy}, \hat{e}_{Iz})$。更直接地讲，国际上有一个规范下来的"惯性坐标系"，叫国际天球参考系。其坐标原点由一组河外射电源确定，z 轴方向大致为地月系质心绕太阳公转的平均轨道角动量方向，x 轴方向大致为 2000 年的春分点方向。更具体地，GCRS、BCRS、ICRS 的 x, y, z 轴方向和 J2000.0 历元的平赤道坐标系的 x, y, z 轴方向差一个常数偏置矩阵。

课堂思考

国际天球参考系与惯性坐标系有差异吗？差异在哪里？

作业

人类第一次测得的双中子星并合事件 (GW170817) 发生在长蛇座的星系 NGC4993，用质心天球参考系刻画，距离 130 兆光年 (Mly)，赤经 (right ascension)$13^h09^m48.08^s$，赤纬 (declination)$-23°22'53.3''$。计算以地心天球参考系衡量的赤经和赤纬。已知 UTC 2017-08-17 12:41:04 地球在质心天球参考系中的位置坐标为 $(123765341.64975044, -79824420.48829465, -34626728.75395448)$(km)。

3.1.2 各种常用的时间系统

在爱因斯坦的相对论时空观理论框架下，时间和空间是密切关联的，自然其参考系是时空连在一起的时空参考系。但在牛顿时空观的理论框架下，时间和空间是完全独立的，所以可以分别谈及参考系统。本书只涉及牛顿时空观的理论，所以我们也只讨论时间、空间分开的参考系统。空间的部分我们已在 3.1.1 节讨论过。下面我们讨论牛顿时空观下的时间参考系统问题。牛顿时空观下的时间是绝对的,不同的时间系统只会有两种可能的差异,一是计时起点,二是计时单位。

天和年是最朴素的时间单位。何谓天呢? 相邻两次日出之间的时间。何谓年呢? 相邻两次春天之间的时间。但当我们继续追问,何谓日出,何谓春天的时候,我们发现,原来天和年的朴素概念精度不高。所以更准确地,人们定义太阳连续两次经过地球中间零点 TIO 所在子午圈之间的时间为**真太阳日**。

可见真太阳日与地球转动和太阳相对于地球的运动两个因素相关,所以真太阳日会以比较复杂的方式随时间变化,并非常数,自然其作为时间单位精度会不高。其中太阳相对于地球的运动影响最大。由于地球绕太阳做椭圆轨道运动,运动角速度不是常数,这是带来真太阳日非常数最大的因素。为此人们把地球的椭圆运动改成用辅助圆上的平运动 (对应之前讲过的平近点角),以此假想出一个太阳的运动来,这个太阳叫做平太阳。连续两次平太阳经过地球中间零点 TIO 所在子午圈之间的时间为**平太阳日**。用平太阳日作为时间单位定义出来的时间系统叫做**世界时** (universal time, UT)。实际地,平太阳日靠天文台实际测量得到。各天文台直接测量的结果作为单位的世界时称为 UT0。

其次是地球极移的影响,即自转方向相对于角动量方向变化带来的影响。扣除极移影响后,精度提高,得到 UT1。显然地球自转会随季节变化,扣除季节变化带来的差异后得到更为精确的时间单位,我们称之为 UT2。所以更精确地,人们把平太阳日定义为平太阳绕天球转一圈的时间除以一年的天数得到的时间。这种平太阳日就只受太阳运动的影响了。

为了进一步排除太阳运动对时间单位的影响,人们定义连续两次地球中间零点 TIO 和天球中间零点 CIO 重合之间的时间间隔为**恒星日**。从上面对地球中间零点的定义可看出,恒星日仍然随时间而微小变化,但其精度比太阳日要高很多了。为了彻底扔掉地球中间零点对时间单位的影响,人们定义在地心天球参考系看来连续两次太阳出现在同一个地方,或者等价地,在质心天球参考系看来地球连续两次出现在同一个方向,之间的时间间隔为一年。由于地球运动不是完全的周期运动,这个年也会随时间改变,并非真正常数。所以更准确地,人们规定 1900 年 1 月 0 日 12 时对应的整回归年长度的 $1/31556925.9747$ 为**历书时**的一秒。

天文学中,宇宙环境我们没法改变,正如地球运动受到宇宙环境的影响,它的运动不会严格是牛顿二体问题描述的椭圆运动,所以历书时的一秒没法重现,自然其精度受到限制。在发现某些元素的原子能级跃迁频率有极高的稳定性之后,人们定义铯原子 (Cs132.9) 的能级跃迁原子秒作为时间单位。这也是我们现在使用的一秒的概念。

年月日是我们日常生活习惯的计时方式,但这一日的时间并不等于那一日的时间,所以其准确性很差。于是人们提出累计记日的方式来计时,即从参考时刻开始以日为单位连续计时。儒略日期系统就是这样的日期系统。儒略日期系统选取公元前 4713 年 1 月 1 日 12 时为计时起点，向后连续记日，用记号 JD 来表示。例如，2000 年 1 月 1 日 12 时记成儒略日期为 JD2451545.0。由于儒略日期数字的位数太多，人们又定义简化儒略日期 MJD=JD−2400000.5。简化儒略日期实质上是把计时起点改成了公元 1858 年 11 月 17 日 0 时。

这里值得一提的是在 1582 年 10 月 15 日前后的日历跳变问题，中间"神秘消失"了十天。这是人们对日期的人为定义带来的。1582 年 10 月 15 日及其以后人们改用格里历记日。1582 年 3 月 1 日，格里高利 (罗马教皇) 颁发了改历命令，1582 年 10 月 4 日后的一天是 10 月 15 日。

显然用原子秒作为时间单位精度会高得更多，于是人们得到**原子时** (TAI，法文 temps atomique international 的缩写) 的概念，其时间单位是原子时日，等于 86400s。GPS 系统使用的时间单位也是原子秒，但计时起点不同于 TAI，具体地

$$GPS = TAI - 19s \tag{3.3}$$

用于牛顿力学框架下星历表的时间是**地球时** (terrestrial time, TT)。它也是用原子时作为时间单位，但计时起点也不同于 TAI，具体地有

$$TT = TAI + 32.184s \tag{3.4}$$

3.2　从解方程到最小二乘法

从理论上给定 6 个轨道根数后，任意时刻天体的位置和速度便可确定 $r(t; p)$，$\dot{r}(t; p)$，由此观测量可以被理论预言。我们把理论预言的观测量记为 s_i，i 对应不同的观测次数。同时我们有实际的观测结果 d_i。最直接地，我们有

$$s_i = d_i, \quad i = 1, \cdots, N \tag{3.5}$$

如果方程个数等于未知数个数，我们直接求解方程即可。

在实际测量过程中，我们直觉地会通过多测数据来减小测量误差。于是我们会遇到观测结果数量很多的问题，方程个数远大于未知数个数。很自然地，我们可以转而求解问题

$$\min \sum_{i=1}^{N} (s_i - d_i)^2 \tag{3.6}$$

如果方程组 (3.5) 是线性方程组

$$Ax = b \tag{3.7}$$

其中，A 为 N 行 M 列矩阵，对应 N 个测量数据的 N 个方程，以及 M 个未知数。现在的情况是 $N \gg M$。这个问题的标准求解方法就是最小二乘法。这里不再赘述。我们也可以在广泛意义下把求解方式 (3.6) 叫做最小二乘法。

我们可以看出最小二乘法实际上就是把所有观测数据都用上，满足方程 (3.5) 的最优解。

3.3 从最优解到后验概率分布

上述的最小二乘法帮助我们根据大量观测数据找到理论解释的最优解。但注意到观测数据是有误差的，或者说噪声。这就导致我们所得最优解不一定是真实解。于是我们想问，在大量观测数据辅助下，各种解的可能性有多大，或者说这些解的概率是什么。因为这个概率是基于观测数据得到的，所以这个概率被称为后验概率。

基于理论预言 s_i 和观测结果 d_i，如果我们的理论预言是正确的，则 $d_i - s_i$ 完全由测量的随机因素产生。不失一般性，我们可以基于大数定律假设数值 $d_i - s_i$ 满足高斯分布

$$f(d_i - s_i) \propto e^{-(d_i - s_i)^2/\sigma^2} \tag{3.8}$$

其中，方差 σ 对应测量随机涨落的大小，可以由测量误差分析得到。概率分布 (3.8) 是在给定 6 个轨道参数是正确轨道根数的前提条件下得到的。所以我们也可以把概率分布 (3.8) 叫做条件概率 $f(d|s)$。但以轨道确定问题为例，实际上我们关心的问题是已知观测数据 d_i，最可能的轨道根数是什么，以及各种可能轨道根数的后验概率是什么。等价地，相当于问 $f(s|d)$ 等于什么。概率论有贝叶斯关系

$$f(s|d) = \frac{f(d|s)f(s)}{f(d)} \tag{3.9}$$

人们习惯把我们要求的 $f(s|d)$ 叫做后验概率，$f(s)$ 叫做先验概率。条件概率 $f(d|s)$ 在这个关系中又被称为似然函数。$f(d)$ 是一个概率归一化因子，在一定程度上反映了函数 $f(d|s)f(s)$ 的弥散程度。$f(d)$ 越大说明弥散程度越小，也在一定程度上表明我们的理论预言跟观测数据一致性越高。所以人们把 $f(d)$ 叫做证据 (evidence) 因子。在判定不同理论可信程度时，人们经常使用贝叶斯因子这个量，它实际上就是两个证据因子的比值。先验概率顾名思义就是独立于观测结果，这样的轨道根数出现的可能性多大。后验概率顾名思义就是基于观测结果推断这样的轨道根数出现的可能性多大。一般说来，没有观测我们没有任何信息，所以先验概率关于所有可能的轨道根数是均匀分布的。故我们有

$$f(s|d) \propto f(d|s) \tag{3.10}$$

根据式 (3.8)，实际上我们有

$$f(d|s) \propto e^{-\sum_{i=1}^{N}(d_i - s_i)^2/\sigma^2} \tag{3.11}$$

我们这里假设共有 N 个观测结果。

蒙特卡罗方法是比较常用的求解上述后验概率分布的方法。关于蒙特卡罗方法的实现细节这里就不再赘述。

第 4 章　N 体问题

4.1　测试天体的 N 体问题

在某惯性系中，质量为 m 的天体 P 处在位置 $\boldsymbol{r}$。在它周围有 N 个质量分别为 m_i、位置分别为 $\boldsymbol{R}_i$ 的天体 P_i。则 P_i 到 P 的距离向量为

$$\boldsymbol{r}_i = \boldsymbol{r} - \boldsymbol{R}_i \tag{4.1}$$

天体 P 在这 N 个 P_i 的万有引力作用下，相应的动力学方程可写为

$$\ddot{\boldsymbol{r}} = -\sum_{i=1}^{N} \frac{Gm_i}{r_i^2} \frac{\boldsymbol{r}_i}{r_i} = -\sum_{i=1}^{N} \frac{Gm_i \boldsymbol{r}_i}{r_i^3} \tag{4.2}$$

注意到

$$\nabla\left(\frac{1}{r_i}\right) = -\frac{1}{r_i^2} \nabla r_i \tag{4.3}$$

$$\begin{aligned} r_i &= \sqrt{\boldsymbol{r}_i \cdot \boldsymbol{r}_i} \\ &= \sqrt{(\boldsymbol{r} - \boldsymbol{R}_i) \cdot (\boldsymbol{r} - \boldsymbol{R}_i)} \\ &= \sqrt{r^2 - 2\boldsymbol{r} \cdot \boldsymbol{R}_i + R_i^2} \end{aligned} \tag{4.4}$$

$$\begin{aligned} \nabla r_i &= \frac{2r\nabla r - 2\boldsymbol{R}_i}{2\sqrt{r^2 - 2\boldsymbol{r} \cdot \boldsymbol{R}_i + R_i^2}} \\ &= \frac{\boldsymbol{r} - \boldsymbol{R}_i}{\sqrt{r^2 - 2\boldsymbol{r} \cdot \boldsymbol{R}_i + R_i^2}} \\ &= \frac{\boldsymbol{r}_i}{r_i} \end{aligned} \tag{4.5}$$

$$\nabla\left(\frac{1}{r_i}\right) = -\frac{\boldsymbol{r}_i}{r_i^3} \tag{4.6}$$

课堂练习

使用直角坐标系和梯度算符的定义证明公式 (4.5)。

上述动力学方程可改写为

$$\ddot{\boldsymbol{r}} = \sum_{i=1}^{N} Gm_i \nabla \left(\frac{1}{r_i} \right)$$

$$= \nabla \left[\sum_{i=1}^{N} Gm_i \left(\frac{1}{r_i} \right) \right]$$

$$= -\nabla V \tag{4.7}$$

这里我们引入了记号

$$V \equiv -G \sum_{i=1}^{N} \left(\frac{m_i}{r_i} \right) \tag{4.8}$$

被称作引力势函数或者引力位函数。如果我们把上述的 N 个天体换成连续分布的质量体，则上述的求和变成积分

$$V = -G \int \frac{\rho'}{r'} \mathrm{d}^3 x' \tag{4.9}$$

这里的 ρ' 是质量分布函数，也即质量密度函数。

4.2 万有引力定律的场论表述

在公式 (4.9) 中我们用积分形式表达了连续质量分布天体产生的引力势函数。等价地，我们还可以用微分方程的形式来表达关系 (4.9)

$$\nabla^2 V = 4\pi G \rho' \tag{4.10}$$

这个微分方程自变量是空间坐标 (x, y, z)，未知函数是 V。不像我们在前面章节遇到的微分方程只有一个自变量，所以微分运算都是全微分运算。在这里我们有三个自变量，涉及的微分运算都是偏微分运算，所以我们这里的微分方程是偏微分方程。更确切地，形如 (4.10) 的偏微分方程在文献中被称为**泊松方程**。

我们来理解一下泊松方程 (4.10)。我们先考察 (4.8)，使用拉普拉斯算子作用到该方程的两边

$$\nabla^2 V = -G \sum_{i=1}^{N} m_i \nabla^2 \left(\frac{1}{r_i} \right) \tag{4.11}$$

$$\nabla^2 \left(\frac{1}{r_i} \right) = \nabla \cdot \nabla \left(\frac{1}{r_i} \right)$$

$$= -\nabla \cdot \frac{\boldsymbol{r}_i}{r_i^3}$$

$$= - \left[\nabla \left(\frac{1}{r_i^3} \right) \cdot \boldsymbol{r}_i + \frac{1}{r_i^3} \nabla \cdot \boldsymbol{r}_i \right]$$

$$= - \left[-3 \frac{1}{r_i^4} (\nabla r_i) \cdot \boldsymbol{r}_i + \frac{1}{r_i^3} \nabla \cdot \boldsymbol{r}_i \right] \tag{4.12}$$

$$\nabla \cdot \boldsymbol{r}_i = \nabla \cdot (\boldsymbol{r} - \boldsymbol{R}_i)$$

$$= 3 \tag{4.13}$$

$$\nabla^2 \left(\frac{1}{r_i} \right) = - \left[-3 \frac{1}{r_i^4} \frac{\boldsymbol{r}_i}{r_i} \cdot \boldsymbol{r}_i + \frac{3}{r_i^3} \right] = 0 \tag{4.14}$$

$$\nabla^2 V = 0 \tag{4.15}$$

对于上面的计算结果我们要注意了，上述结果只在 r_i 不等于 0 的地方成立，因为在 $r_0 = 0$ 的地方，V 本身已经等于无穷大了，没有意义。但 $r_i = 0$ 的地方恰好是我们理解泊松方程的关键。我们熟悉的点电荷产生电场 $\boldsymbol{E} = \dfrac{q\boldsymbol{r}}{4\pi\epsilon_0 r^3}$。高斯定理告诉我们电场的面积分 (我们选任意球面) 等于包在该面内电场散度的体积分

$$\oint \boldsymbol{E} \cdot \mathrm{d}\boldsymbol{s} = \int \nabla \cdot \boldsymbol{E} \mathrm{d}^3 x \tag{4.16}$$

$$\oint \boldsymbol{E} \mathrm{d}\boldsymbol{s} = \frac{q}{4\pi\epsilon_0 r^2} 4\pi r^2 = \frac{q}{\epsilon_0} \tag{4.17}$$

$$\int \nabla \cdot \boldsymbol{E} \mathrm{d}^3 x = \frac{q}{4\pi\epsilon_0} \int \nabla \cdot \left(\frac{\boldsymbol{r}}{r^3} \right) \mathrm{d}^3 x = \frac{q}{\epsilon_0} \tag{4.18}$$

$$\int \frac{1}{4\pi} \nabla \cdot \left(\frac{\boldsymbol{r}}{r^3} \right) \mathrm{d}^3 x = 1 \tag{4.19}$$

由前面的计算结果我们知道在 $r \neq 0$ 的地方 $\dfrac{1}{4\pi} \nabla \cdot \left(\dfrac{\boldsymbol{r}}{r^3} \right) = 0$，而该函数的积分又等于 1，所以它不是别的，就是狄拉克 δ 函数，故

$$\frac{1}{4\pi} \nabla \cdot \left(\frac{\boldsymbol{r}}{r^3} \right) = \delta(\boldsymbol{r}) \tag{4.20}$$

$$\nabla \cdot \left(\frac{\boldsymbol{r}}{r^3} \right) = 4\pi\delta(\boldsymbol{r}) \tag{4.21}$$

我们把此结果联系到前面的计算可得到

$$\nabla^2 \left(\frac{1}{r_i} \right) = -4\pi\delta(\boldsymbol{r}_i) \tag{4.22}$$

$$\nabla^2 V = 4\pi G \sum_{i=1}^{N} m_i \delta(\boldsymbol{r}_i) \tag{4.23}$$

当我们把上述离散的求和改成连续的积分，则

$$\nabla^2 V = 4\pi G \int \rho'(\boldsymbol{x}')\delta(\boldsymbol{x} - \boldsymbol{x}')\mathrm{d}^3 x'$$

$$= 4\pi G \rho'(\boldsymbol{x}) \tag{4.24}$$

这就是我们的泊松方程 (4.10)。

课堂练习

从式 (4.9) 推导式 (4.10)。

从式 (4.7) 我们知道，质量为 m 的小天体在引力势 V 的作用下受到的万有引力可表为

$$\boldsymbol{F} = -m\nabla V \tag{4.25}$$

如果我们关心的小天体也具有一个质量分布，则

$$\boldsymbol{F} = -\int \rho \nabla V \mathrm{d}^3 x \tag{4.26}$$

注意区分这里的 ρ 是小天体的质量分布函数，而前面的 ρ' 是产生引力场的源质量分布函数。准确地讲，ρ 也会产生引力场，所以方程 (4.10) 右边的 ρ' 应该换为 $\rho' + \rho$。但因为是小天体，ρ 产生的引力场远小于 ρ' 产生的引力场，所以把 ρ 忽略不计。正因为把小天体产生的引力场忽略不计，或者形式上讲小天体不产生引力场，我们就把它叫做测试天体。这类似于有效单体问题中的测试天体概念。结合式 (4.9) 上面的受力方程还可写为

$$\boldsymbol{F} = -G \int \mathrm{d}^3 x \int \mathrm{d}^3 x' \frac{\rho(\boldsymbol{x})\rho'(\boldsymbol{x}')(\boldsymbol{x} - \boldsymbol{x}')}{|\boldsymbol{x} - \boldsymbol{x}'|^3} \tag{4.27}$$

这里 $\boldsymbol{x}'$ 是描述源的位置坐标，$\boldsymbol{x}$ 是描述受力点的位置坐标。文献中习惯把 $\boldsymbol{x}'$ 称作源点，把 $\boldsymbol{x}$ 称作场点。

4.3 星球的引力势函数

这一小节我们来研究具有质量分布的一个星球产生的引力势函数。定量上来说就是已知引力场源的质量分布 ρ'，求其产生的引力势函数 V。

4.3.1 积分法获取星球的引力势函数

我们可以利用积分表达式 (4.9) 来获取星球的引力势函数。我们把源点场点写得更清楚，方程 (4.9) 变为

$$V(\boldsymbol{x}) = -G \int \mathrm{d}^3 x' \frac{\rho'(\boldsymbol{x}')}{|\boldsymbol{x} - \boldsymbol{x}'|} \tag{4.28}$$

我们把场点 $\boldsymbol{x}$ 和源点 $\boldsymbol{x}'$ 的相对位置关系画在图 4.1 中。任选一坐标系，它们的位置关系如左图所示。我们注意到在积分式 (4.28) 中，$\boldsymbol{x}'$ 是积分自变量，但 $\boldsymbol{x}$ 相对积分来说是常数。基于此特点，我们可以选一个特殊的坐标系，让 $\boldsymbol{x}$ 处在 z 轴上，如图 4.1 的右图所示。使用该坐标系对应的球坐标系，我们可以表达 $\boldsymbol{x} = (R, 0, 0)$，$\boldsymbol{x}' = (r, \theta, \phi)$，并且

$$|\boldsymbol{x} - \boldsymbol{x}'| = \sqrt{R^2 + r^2 - 2Rr\cos\theta} \tag{4.29}$$

把上式代入到积分式 (4.28) 我们得到

$$V(\boldsymbol{x}) = -G \int r^2 \sin\theta \frac{\rho'(\boldsymbol{x}')}{\sqrt{R^2 + r^2 - 2Rr\cos\theta}} \mathrm{d}r\mathrm{d}\theta\mathrm{d}\phi \tag{4.30}$$

我们再注意到 $\dfrac{1}{\sqrt{R^2 + r^2 - 2Rr\cos\theta}}$ 是勒让德多项式的母函数，即把它看成是 r 的函数并作泰勒展开，其展开系数就对应勒让德多项式，具体地

$$\frac{1}{\sqrt{R^2 + r^2 - 2Rr\cos\theta}} = \sum_{l=0}^{\infty} \frac{r^l}{R^{l+1}} \mathrm{P}_l(\cos\theta) \tag{4.31}$$

$$\frac{1}{\sqrt{R^2 + r^2 - 2Rr\cos\theta}} = \frac{1}{R\sqrt{1 + \left(\dfrac{r}{R}\right)^2 - 2\dfrac{r}{R}\cos\theta}} = \frac{1}{R} \sum_{l=0}^{\infty} \left(\frac{r}{R}\right)^l \mathrm{P}_l(\cos\theta)$$

$$\tag{4.32}$$

其中，P_l 就是 l 阶的勒让德多项式。把上述泰勒展开代入积分 (4.30)，我们得到

$$V(\boldsymbol{x}) = -G \sum_{l=0}^{\infty} \frac{1}{R^{l+1}} \int r^l \mathrm{P}_l(\cos\theta) \rho'(\boldsymbol{x}') r^2 \sin\theta \mathrm{d}r\mathrm{d}\theta\mathrm{d}\phi \tag{4.33}$$

如果我们只关心某一个场点的引力势，我们总可以通过坐标选择让该场点处于 z 轴上，然后用 (4.33) 计算它的引力势函数大小。但一般一个场点的结果不够我们实际使用。即使我们只想计算某一个场点的引力情况，我们也需要对引力势求梯度。所以通常情况下我们还是需要场点全空间的引力势函数。下面我们就通过坐标变换把式 (4.33) 转化为任意坐标系下的结果，从而得到任意场点的引力势函数。

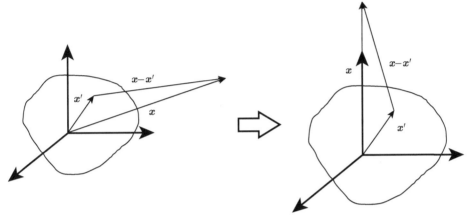

图 4.1　星球的引力势函数示意图

为了完成从上述特殊坐标系到任意坐标系的变换，我们先回顾球谐函数的一个性质。球谐函数，也简称球函数，由连带勒让德多项式和指数函数 $\mathrm{e}^{im\phi}$ 组成

$$Y_{lm}(\theta,\phi) \equiv (-1)^m \sqrt{\frac{2l+1}{4\pi}\frac{(l-m)!}{(l+m)!}}\mathrm{P}_{lm}(\cos\theta)\mathrm{e}^{im\phi} \tag{4.34}$$

实际上，连带勒让德多项式由勒让德多项式的导数构成

$$\mathrm{P}_{lm}(x) = (1-x^2)^{\frac{m}{2}}\mathrm{P}_l^{[m]}(x) \tag{4.35}$$

其中 $\mathrm{P}_l^{[m]}(x)$ 指的是勒让德多项式 $\mathrm{P}_l(x)$ 的 m 阶导数。所以勒让德多项式是连带勒让德多项式的特例

$$\mathrm{P}_l(\cos\theta) \equiv \mathrm{P}_{l0}(\cos\theta) \tag{4.36}$$

现在我们考虑从图 4.1 中右侧的特殊坐标系换回到左侧的一般坐标系。显然，两个坐标系相差一个转动变换。我们把一般坐标系对应的球坐标记做 $(\tilde{r},\tilde{\theta},\tilde{\phi})$，把特殊坐标系对应的球坐标记做 (r,θ,ϕ)，则我们有关系

$$r = \tilde{r} \tag{4.37}$$

$$\theta = \Theta(\tilde{\theta}, \tilde{\phi}) \tag{4.38}$$

$$\phi = \Phi(\tilde{\theta}, \tilde{\phi}) \tag{4.39}$$

利用一般坐标系对应的球坐标, 我们记 $\boldsymbol{x} = (R, \theta, \phi)$, $\boldsymbol{x}' = (r', \theta', \phi')$。式 (4.33) 中的 θ 为 $\boldsymbol{x}$ 和 $\boldsymbol{x}'$ 的夹角, 也就是上述变换关系中的 Θ, 则我们在直角坐标系中有

$$\hat{x} = (\sin\theta\cos\phi, \sin\theta\sin\phi, \cos\theta) \tag{4.40}$$

$$\hat{x}' = (\sin\theta'\cos\phi', \sin\theta'\sin\phi', \cos\theta') \tag{4.41}$$

$$\begin{aligned}
\cos\Theta &= \hat{x} \cdot \hat{x}' \\
&= \cos\theta\cos\theta' + \sin\theta\sin\theta'(\cos\phi\cos\phi' + \sin\phi\sin\phi') \\
&= \cos\theta\cos\theta' + \sin\theta\sin\theta'\cos(\phi - \phi')
\end{aligned} \tag{4.42}$$

所以把积分式 (4.33) 做积分自变量的变换 $(r, \theta, \phi) \to (\tilde{r}, \tilde{\theta}, \tilde{\phi})$, 我们可以得到

$$V(\boldsymbol{x}) = -G\sum_{l=0}^{\infty} \frac{1}{R^{l+1}} \int r'^l \mathrm{P}_l(\cos\Theta)\rho'(\boldsymbol{x}')r'^2 \sin\theta' \mathrm{d}r'\mathrm{d}\theta'\mathrm{d}\phi' \tag{4.43}$$

定积分的积分变量变换我们可以先从直角坐标到直角坐标, 再变到球坐标。直角坐标到直角坐标的时候由于转动矩阵的行列式为 1, 所以积分变量变换不引入额外的函数来。相对于积分变量而言 (R, θ, ϕ) 是常数。$\mathrm{P}_l(\cos\Theta)$ 相对于积分变量 (θ', ϕ') 的函数可以用球谐函数展开, 其展开形式就是数理方法课上学过的球谐函数加法公式

$$\begin{aligned}
\mathrm{P}_l(\cos\Theta) &= \sum_{m=-l}^{l} \frac{(l-m)!}{(l+m)!} \mathrm{P}_{lm}(\cos\theta)\mathrm{P}_{lm}(\cos\theta')\mathrm{e}^{\mathrm{i}m(\phi'-\phi)} \\
&= \frac{4\pi}{2l+1} \sum_{m=-l}^{l} Y_{lm}(\theta', \phi')Y_{lm}^*(\theta, \phi)
\end{aligned} \tag{4.44}$$

上式中, $*$ 代表复共轭。把上述关系代入式 (4.43) 我们得到

$$\begin{aligned}
V(\boldsymbol{x}) = -&G\sum_{l=0}^{\infty}\sum_{m=-l}^{l} \frac{1}{R^{l+1}} \frac{(l-m)!}{(l+m)!} \mathrm{P}_{lm}(\cos\theta)\mathrm{e}^{-\mathrm{i}m\phi} \\
&\cdot \int r'^l \mathrm{P}_{lm}(\cos\theta')\mathrm{e}^{\mathrm{i}m\phi'}\rho'(\boldsymbol{x}')r'^2 \sin\theta' \mathrm{d}r'\mathrm{d}\theta'\mathrm{d}\phi'
\end{aligned}$$

$$= -G \sum_{l=0}^{\infty} \sum_{m=-l}^{l} \frac{1}{R^{l+1}} \frac{4\pi}{2l+1} Y_{lm}^*(\theta, \phi)$$

$$\cdot \int r'^l Y_{lm}(\theta', \phi') \rho'(\boldsymbol{x}') r'^2 \sin\theta' \mathrm{d}r' \mathrm{d}\theta' \mathrm{d}\phi' \tag{4.45}$$

以上是复数形式表达的星球引力势函数。由于 $V(\boldsymbol{x})$ 是实数，所以上式右端等于其自己的复共轭

$$V(\boldsymbol{x}) = -G \sum_{l=0}^{\infty} \sum_{m=-l}^{l} \frac{1}{R^{l+1}} \frac{4\pi}{2l+1} Y_{lm}(\theta, \phi)$$

$$\cdot \int r'^l Y_{lm}^*(\theta', \phi') \rho'(\boldsymbol{x}') r'^2 \sin\theta' \mathrm{d}r' \mathrm{d}\theta' \mathrm{d}\phi' \tag{4.46}$$

实际应用中，很多时候我们还希望使用实数形式的表达。这时要用到实数形式的加法公式

$$\mathrm{P}_l(\cos\Theta) = \mathrm{P}_l(\cos\theta') \mathrm{P}_l(\cos\theta) + 2 \sum_{m=1}^{l} \frac{(l-m)!}{(l+m)!} \mathrm{P}_{lm}(\cos\theta') \mathrm{P}_{lm}(\cos\theta)$$

$$\cdot (\cos m\phi' \cos m\phi + \sin m\phi' \sin m\phi)$$

$$= \sum_{m=0}^{l} (2 - \delta_{m0}) \frac{(l-m)!}{(l+m)!} \mathrm{P}_{lm}(\cos\theta') \mathrm{P}_{lm}(\cos\theta)$$

$$\cdot (\cos m\phi' \cos m\phi + \sin m\phi' \sin m\phi) \tag{4.47}$$

$$\delta_{m0} = \begin{cases} 1 & m = 0 \\ 0 & m \neq 0 \end{cases} \tag{4.48}$$

把上述关系代入式 (4.43) 我们得到

$$V(\boldsymbol{x}) = -G \sum_{l=0}^{\infty} \sum_{m=0}^{l} \frac{2 - \delta_{m0}}{R^{l+1}} \frac{(l-m)!}{(l+m)!} \mathrm{P}_{lm}(\cos\theta)$$

$$\cdot \int r'^l \mathrm{P}_{lm}(\cos\theta')(\cos m\phi' \cos m\phi + \sin m\phi' \sin m\phi) \rho'(\boldsymbol{x}') r'^2 \sin\theta' \mathrm{d}r' \mathrm{d}\theta' \mathrm{d}\phi'$$

$$= -G \sum_{l=0}^{\infty} \sum_{m=0}^{l} \frac{2 - \delta_{m0}}{R^{l+1}} \frac{(l-m)!}{(l+m)!} \mathrm{P}_{lm}(\cos\theta)$$

$$\cdot \left[\int r'^l \mathrm{P}_{lm}(\cos\theta') \cos m\phi' \rho'(\boldsymbol{x}') r'^2 \sin\theta' \mathrm{d}r' \mathrm{d}\theta' \mathrm{d}\phi' \cos m\phi \right.$$

$$+ \int r'^l \mathrm{P}_{lm}(\cos\theta') \sin m\phi' \rho'(\boldsymbol{x}') r'^2 \sin\theta' \mathrm{d}r' \mathrm{d}\theta' \mathrm{d}\phi' \sin m\phi \bigg]$$

$$\equiv \sum_{l=0}^{\infty} \frac{1}{R^{l+1}} \sum_{m=0}^{l} (C_l^m \cos m\phi + S_l^m \sin m\phi) \mathrm{P}_{lm}(\cos\theta) \tag{4.49}$$

$$C_l^0 = -G \int r'^l P_l(\cos\theta') \rho'(\boldsymbol{x}') r'^2 \sin\theta' \mathrm{d}r' \mathrm{d}\theta' \mathrm{d}\phi' \tag{4.50}$$

$$S_l^0 = 0 \tag{4.51}$$

$$C_l^m = -2G \frac{(l-m)!}{(l+m)!} \int r'^l \mathrm{P}_{lm}(\cos\theta') \cos m\phi' \rho'(\boldsymbol{x}') r'^2 \sin\theta' \mathrm{d}r' \mathrm{d}\theta' \mathrm{d}\phi' \tag{4.52}$$

$$S_l^m = -2G \frac{(l-m)!}{(l+m)!} \int r'^l \mathrm{P}_{lm}(\cos\theta') \sin m\phi' \rho'(\boldsymbol{x}') r'^2 \sin\theta' \mathrm{d}r' \mathrm{d}\theta' \mathrm{d}\phi' \tag{4.53}$$

下面我们介绍几个质量分布的特殊例子，以便对引力势函数建立直观图像。

半径为 a、总质量为 M 的无厚度均匀球壳，我们对应有

$$S_l^m = 0 \tag{4.54}$$

$$C_l^m = 0, \quad m \neq 0 \tag{4.55}$$

$$C_l^0 = 0, \quad l \neq 0 \tag{4.56}$$

$$C_0^0 = -GM \tag{4.57}$$

所以

$$V = \frac{GM}{R} \tag{4.58}$$

对于内、外半径分别为 b、a，总质量为 M 的有厚度均匀球壳，我们得到与上述结果完全一样的引力势函数。对于半径为 a、总质量为 M 的均匀球体，我们还得到与上述结果完全一样的引力势函数。下面我们将以质量多极矩的方式来理解这个结果。

对于无厚度均匀球壳，我们知道在球壳内部引力等于零，即引力势函数等于常数。也就是说在球壳内部，上述的级数展开表达式不成立。说得直白一点，上述级数展开表达式只有在源是有限质量分布条件下且场点离坐标原点的距离大于所有源点离坐标原点的距离时才成立。该条件来自于勒让德多项式的母函数展开式收敛需要条件 $\dfrac{r}{R} < 1$。

4.3.2 星球引力势函数的展开系数与质量多极矩

我们先来回忆一下质量多极矩的概念。定量地，星球的质量多极矩被定义为

$$I_{i_1\dots i_l} \equiv \int x'_{i_1}\dots x'_{i_l}\rho' \mathrm{d}^3 x' \tag{4.59}$$

$$x'_i = \begin{cases} x' & i=1 \\ y' & i=2 \\ z' & i=3 \end{cases} \tag{4.60}$$

$I_{i_1\dots i_l}$ 被称为 2^l 极矩，它是一个 l 阶全对称张量。特别地，我们有质量一 (单) 极矩

$$I = \int \rho' \mathrm{d}^3 x' = M \tag{4.61}$$

它其实就是星球总质量。质量二 (偶) 极矩

$$I_i = \begin{pmatrix} \displaystyle\int x'\rho'\mathrm{d}^3 x' \\ \displaystyle\int y'\rho'\mathrm{d}^3 x' \\ \displaystyle\int z'\rho'\mathrm{d}^3 x' \end{pmatrix} = M \begin{pmatrix} x_0 \\ y_0 \\ z_0 \end{pmatrix} \tag{4.62}$$

其中，(x_0, y_0, z_0) 是星球质心的位置。质量四极矩

$$I_{ij} = \begin{pmatrix} \displaystyle\int x'x'\rho'\mathrm{d}^3 x' & \displaystyle\int x'y'\rho'\mathrm{d}^3 x' & \displaystyle\int x'z'\rho'\mathrm{d}^3 x' \\ \displaystyle\int y'x'\rho'\mathrm{d}^3 x' & \displaystyle\int y'y'\rho'\mathrm{d}^3 x' & \displaystyle\int y'z'\rho'\mathrm{d}^3 x' \\ \displaystyle\int z'x'\rho'\mathrm{d}^3 x' & \displaystyle\int z'y'\rho'\mathrm{d}^3 x' & \displaystyle\int z'z'\rho'\mathrm{d}^3 x' \end{pmatrix} \tag{4.63}$$

我们来对比星球引力势函数的展开系数

$$C_0^0 = -GM \tag{4.64}$$

$$C_1^0 = -G \int r'\cos\theta'\rho'(\boldsymbol{x}')r'^2 \sin\theta' \mathrm{d}r' \mathrm{d}\theta' \mathrm{d}\phi'$$

$$= -G \int z'\rho' \mathrm{d}^3 x' = -GMz_0 \tag{4.65}$$

$$C_1^1 = -G \int r' \sin \theta' \cos \phi' \rho'(\boldsymbol{x}') r'^2 \sin \theta' \mathrm{d}r' \mathrm{d}\theta' \mathrm{d}\phi'$$

$$= -G \int x' \rho' \mathrm{d}^3 x' = -GM x_0 \tag{4.66}$$

$$S_1^1 = -G \int r' \sin \theta' \sin \phi' \rho'(\boldsymbol{x}') r'^2 \sin \theta' \mathrm{d}r' \mathrm{d}\theta' \mathrm{d}\phi'$$

$$= -G \int y' \rho' \mathrm{d}^3 x' = -GM y_0 \tag{4.67}$$

$$C_2^0 = -G \int \frac{r'^2 (3 \cos 2\theta' + 1)}{4} \rho'(\boldsymbol{x}') r'^2 \sin \theta' \mathrm{d}r' \mathrm{d}\theta' \mathrm{d}\phi'$$

$$= -G \int \frac{r'^2 (6 \cos^2 \theta' - 2)}{4} \rho'(\boldsymbol{x}') r'^2 \sin \theta' \mathrm{d}r' \mathrm{d}\theta' \mathrm{d}\phi'$$

$$= -\frac{G}{2} \left(3 \int z'^2 \rho' \mathrm{d}^3 x' - \int r'^2 \rho' \mathrm{d}^3 x' \right)$$

$$= -\frac{G}{2} \left[3 I_{zz} - \int (x'^2 + y'^2 + z'^2) \rho' \mathrm{d}^3 x' \right]$$

$$= -\frac{G}{2} (3 I_{zz} - I_{xx} - I_{yy} - I_{zz})$$

$$= -\frac{G}{2} (2 I_{zz} - I_{xx} - I_{yy}) \tag{4.68}$$

$$C_2^1 = -2G \frac{1}{6} \int r'^2 \frac{3}{2} \sin 2\theta' \cos \phi' \rho'(\boldsymbol{x}') r'^2 \sin \theta' \mathrm{d}r' \mathrm{d}\theta' \mathrm{d}\phi'$$

$$= -G \int r'^2 \sin \theta' \cos \theta' \cos \phi' \rho'(\boldsymbol{x}') r'^2 \sin \theta' \mathrm{d}r' \mathrm{d}\theta' \mathrm{d}\phi'$$

$$= -G \int z' x' \rho' \mathrm{d}^3 x'$$

$$= -G I_{xz} \tag{4.69}$$

$$C_2^2 = -2G \frac{1}{24} \int r'^2 \frac{3}{2} (1 - \cos 2\theta') \cos 2\phi' \rho'(\boldsymbol{x}') r'^2 \sin \theta' \mathrm{d}r' \mathrm{d}\theta' \mathrm{d}\phi'$$

$$= -G \frac{1}{12} \int r'^2 3 \sin^2 \theta' (2 \cos^2 \phi' - 1) \rho'(\boldsymbol{x}') r'^2 \sin \theta' \mathrm{d}r' \mathrm{d}\theta' \mathrm{d}\phi'$$

$$= -\frac{G}{2} \left[\int x'^2 \rho' \mathrm{d}^3 x' - \frac{1}{2} \int (x'^2 + y'^2) \rho' \mathrm{d}^3 x' \right]$$

$$= -\frac{G}{4} [I_{xx} - I_{yy}] \tag{4.70}$$

$$S_2^1 = -GI_{yz} \tag{4.71}$$

$$S_2^2 = -\frac{G}{2}I_{xy} \tag{4.72}$$

作业

推导式 (4.71) 和式 (4.72)。

从上面的分析我们可以看出星球引力势函数的 l 阶展开系数与质量 2^l 极矩基本一一对应。正是基于这一对应关系，人们可以通过对重力场的测量反推出星球的质量分布。

鉴于星球引力势函数的 l 阶展开系数与质量 2^l 极矩的对应关系，人们也常常直接使用式 (4.46) 的形式定义**球多极矩**

$$I_{lm} \equiv \int r'^l Y_{lm}^*(\theta', \phi') \rho' \mathrm{d}^3 x' \tag{4.73}$$

而星球引力势函数的 l 阶展开系数与质量 2^l 极球多极矩的对应关系就更直接了

$$V(\boldsymbol{x}) = \sum_{l=0}^{\infty} \sum_{m=-l}^{l} \frac{1}{R^{l+1}} A^{lm} Y_{lm} \tag{4.74}$$

$$A^{lm} = -G \frac{4\pi}{2l+1} I_{lm} \tag{4.75}$$

球谐函数具有性质

$$Y_{lm} = (-1)^m Y_{l-m}^* \tag{4.76}$$

这里 $*$ 代表复共轭。由此我们可知

$$I_{lm} = (-1)^m I_{l-m}^* \tag{4.77}$$

也就是说 I_{lm} 与 I_{l-m} 不独立，我们只需要考虑 $m \geqslant 0$ 的 I_{lm} 即可。再注意到 I_{l0} 为实数，所以 I_{lm} 一共有 $2l+1$ 个独立分量。

我们从上述分析可看到，多极矩描述的是关于不同方向质量分布的特性。只要是球对称分布的星体，都只有单极矩即总质量非零。这就是为什么我们之前看到无厚度均匀球壳、有厚度均匀球壳和均匀球体具有一样的引力势函数。

4.3.3 星球与星球之间的力函数与转动惯量

从前述的讨论我们知道，两个星球间总的万有引力可表达为式 (4.27)。同时我们也注意到，式 (4.27) 并不需要测试天体的条件，只要是两个连续质量分布的天体，它们之间总的万有引力就可表达为式 (4.27)。

为了计算式 (4.27)，我们现在挑选两个特殊的坐标系。首先标记两个星球的质心分别为 O 和 O'。然后选两个坐标系使其原点分别在 O 和 O'。接下来选 OO' 的方向为 x 轴的方向。y 和 z 的方向任意选取，但两套坐标系的坐标轴相互平行。我们选原点在 O 的那个坐标系对应式 (4.27) 中出现的坐标系，用不带撇和带撇的字母代表原点分别在 O 和 O' 的坐标分量，则

$$\boldsymbol{x} = (x, y, z) \tag{4.78}$$

$$\boldsymbol{x}' = (r + x', y', z') \tag{4.79}$$

这里我们记 O 和 O' 的距离为 r。如此，公式 (4.27) 变为

$$\begin{pmatrix} F_x \\ F_y \\ F_z \end{pmatrix} = -G \begin{pmatrix} \displaystyle\int \mathrm{d}^3x \int \mathrm{d}^3x' \frac{\rho(x,y,z)\rho'(x',y',z')(x-x'-r)}{[(x-x'-r)^2+(y-y')^2+(z-z')^2]^{3/2}} \\ \displaystyle\int \mathrm{d}^3x \int \mathrm{d}^3x' \frac{\rho(x,y,z)\rho'(x',y',z')(y-y')}{[(x-x'-r)^2+(y-y')^2+(z-z')^2]^{3/2}} \\ \displaystyle\int \mathrm{d}^3x \int \mathrm{d}^3x' \frac{\rho(x,y,z)\rho'(x',y',z')(z-z')}{[(x-x'-r)^2+(y-y')^2+(z-z')^2]^{3/2}} \end{pmatrix} \tag{4.80}$$

我们假设两个星球的距离比较大使得

$$(x-x')^2 + (y-y')^2 + (z-z')^2 < r^2 \tag{4.81}$$

我们关注

$$(x-x'-r)^2 + (y-y')^2 + (z-z')^2$$
$$= (x-x')^2 + (y-y')^2 + (z-z')^2 + r^2 - 2r(x-x')$$
$$= r^2(1 - 2\omega t + \omega^2) \tag{4.82}$$

$$t = \frac{x-x'}{\sqrt{(x-x')^2+(y-y')^2+(z-z')^2}} \tag{4.83}$$

$$\omega = \frac{\sqrt{(x-x')^2+(y-y')^2+(z-z')^2}}{r} \tag{4.84}$$

当两个星球的距离 r 很大时，我们可以把 ω 当成小量。同时我们注意到 $\dfrac{x-x'}{r}$、$\dfrac{y-y'}{r}$ 和 $\dfrac{z-z'}{r}$ 同 ω 是同阶无穷小。所以

$$\begin{pmatrix} F_x \\ F_y \\ F_z \end{pmatrix} = -G \begin{pmatrix} \int \mathrm{d}^3 x \int \mathrm{d}^3 x' \dfrac{\rho(x,y,z)\rho'(x',y',z')(x-x'-r)}{[(x-x'-r)^2+(y-y')^2+(z-z')^2]^{3/2}} \\ O(\omega^3) \\ O(\omega^3) \end{pmatrix} \quad (4.85)$$

可见，近似到 $O(\omega^3)$，我们有 $F_y = F_z = 0$。我们进一步可以发现

$$F_x = G \int \mathrm{d}^3 x \int \mathrm{d}^3 x' \rho(x,y,z)\rho'(x',y',z') \frac{\mathrm{d}}{\mathrm{d}r} \frac{1}{\sqrt{(x-x'-r)^2+(y-y')^2+(z-z')^2}}$$

$$= -\frac{\mathrm{d}U}{\mathrm{d}r} \quad (4.86)$$

$$U = G \int \mathrm{d}^3 x \int \mathrm{d}^3 x' \rho(x,y,z)\rho'(x',y',z') \frac{1}{\sqrt{(x-x'-r)^2+(y-y')^2+(z-z')^2}} \quad (4.87)$$

这里的 U 很像前面遇到的势函数的样子，被人们称作星球与星球间的力函数。

为了计算这个力函数，我们作展开

$$\frac{1}{\sqrt{1-2\omega t+\omega^2}} \approx 1+\sum_{l=1}^{2} \omega^l \mathrm{P}_l(t)+O(\omega^3) \quad (4.88)$$

所以

$$U = U_0 + U_1 + U_2 \quad (4.89)$$

$$U_0 = \frac{G}{r} \int \mathrm{d}^3 x \int \mathrm{d}^3 x' \rho(x,y,z)\rho'(x',y',z')$$

$$= \frac{GMM'}{r} \quad (4.90)$$

$$U_1 = \frac{G}{r} \int \mathrm{d}^3 x \int \mathrm{d}^3 x' \rho(x,y,z)\rho'(x',y',z')\omega P_1(t)$$

$$= \frac{G}{r} \int \mathrm{d}^3 x \int \mathrm{d}^3 x' \rho(x,y,z)\rho'(x',y',z')\omega t$$

$$= \frac{G}{r} \int \mathrm{d}^3 x \int \mathrm{d}^3 x' \rho(x,y,z)\rho'(x',y',z')\frac{x-x'}{r}$$

$$= \frac{G}{r^2} \int \rho(x,y,z)x\mathrm{d}^3 x \int \rho'(x',y',z')x'\mathrm{d}^3 x'$$

$$= 0 \quad (4.91)$$

$$U_2 = \frac{G}{r} \int d^3 x \int d^3 x' \rho(x,y,z) \rho'(x',y',z') \omega^2 P_2(t)$$

$$= \frac{G}{r} \int d^3 x \int d^3 x' \rho(x,y,z) \rho'(x',y',z') \omega^2 \frac{3t^2 - 1}{2}$$

$$= \frac{G}{r^3} \int d^3 x \int d^3 x' \rho(x,y,z) \rho'(x',y',z')$$

$$\times \left[x^2 + y^2 + z^2 - \frac{3}{2}(y^2 + z^2) + x'^2 + y'^2 + z'^2 \right.$$

$$\left. - \frac{3}{2}(y'^2 + z'^2) - 2xx' + yy' + zz' \right] \tag{4.92}$$

$$U_2 = \frac{GM'}{r^3} \left(F - \frac{3}{2} H \right) + \frac{GM}{r^3} \left(F' - \frac{3}{2} H' \right) \tag{4.93}$$

其中，F 和 H 分别代表星球关于质心的转动惯量和关于 x 轴的转动惯量

$$F = \int (x^2 + y^2 + z^2) \rho d^3 x \tag{4.94}$$

$$H = \int (y^2 + z^2) \rho d^3 x \tag{4.95}$$

4.4 地球重力场反演

地球重力场的科学数据在地球测绘学、冰川学、陆地水循环、固体地球物理、灾害监控及国防军事等领域具有重要应用价值。以洲际导弹为例，洲际导弹影响落点精度的主要因素是扰动重力场，包括扰动重力和垂线偏差。扰动重力对一万公里射程可产生八百米落点偏差，发射点垂线偏差在这一射程上可产生九百米落点偏差。洲际导弹提高精度主要取决于导弹的惯性制导。惯性导航只能确定导弹在以垂线为准的惯性坐标系的弹道，而实际上弹道只能在以参考椭球定义的地心大地坐标系中设计和计算。不论是在导弹的主动段，即火箭推动段，还是在被动段，即弹头离箭段，都必需给制导系统输入扰动重力场参数以校正对预定弹道的偏离，而这依靠在制导芯片中存入的地球重力场数据来实现。

人类第一个地球重力场模型由苏联的让戈洛维奇在 1956 年构建。它包含 8 阶球谐函数展开。20 世纪 60 年代美国史密松天文台研发了低阶 C 系列和 SE 系列地球重力场模型。美国俄亥俄州立大学在 20 世纪 70 年代研发一系列高阶模型，包括 Rapp78,81(180 阶)，OSU86,C,E,F(250 阶) 和 OSU89,91(360 阶)。20 世纪 80 年代以后美国国家航空航天局戈达德空间飞行中心研发了 GEM-L 和 GEM-T

低阶系列。此外，还有德国研发的 GPM 系列和德国、法国合作研发的 GRIM 系列。

中国在 1977 年由测绘科学研究所研发得到 DQM77A(22 阶) 和 DQM77B(20 阶) 两个模型。后来又发展出版本 DQM84(分 A、B、C、D、E 五个版本，其中 B、E 阶次为 36，其余三个为 50)、DQM94(分 A、B、C 三个版本，最高阶次到 360)、DQM99 以及 DQM2000。DQM2000 模型以 360 阶模型为初始模型，利用 $15' \times 15'$ 局部重力异常改进到 720 阶，再利用 $5' \times 5'$ 进行局部积分改进到 2160 阶。武汉大学从 1987 年开始相继研发得到 WDM89(180 阶次)、WDM92CH(360 阶次) 和 WDM94(360 阶次) 等模型。2011 年武汉大学的王正涛使用并行算法构建了 2160 阶的 UGM08 模型。

地球重力场反演包括全球静态重力场反演和全球时变重力场反演。实验技术分为卫星跟踪卫星 (satellite-to-satellite tracking) 和重力梯度卫星 (satellite gravity gradient) 两种。卫星跟踪卫星技术又分为高低卫卫跟踪模式 (high-low satellite-to-satellite tracking) 和低低卫卫跟踪模式 (low-low satellite-to-satellite tracking) 两种。CHAMP、GRACE 及 GOCE 等卫星就是典型的地球重力场反演卫星。

卫卫跟踪方法反演地球重力场的原理实际上就是通过卫星的星历反解出重力场的多极矩。以能量法为例，引力势函数可以通过积分卫星轨迹得到。保守力做功得到势函数变化

$$\mathrm{d}V = \boldsymbol{g} \cdot \mathrm{d}\boldsymbol{s} \tag{4.96}$$

$$V = V_0 + \int_{t_0}^{t} \boldsymbol{g} \cdot \dot{\boldsymbol{r}} \mathrm{d}t' \tag{4.97}$$

$$\boldsymbol{g} = \ddot{\boldsymbol{r}} + 2\boldsymbol{\omega} \times \dot{\boldsymbol{r}} + \boldsymbol{\omega} \times (\boldsymbol{\omega} \times \boldsymbol{r}) - \boldsymbol{a}_{\mathrm{NC}} - \boldsymbol{a}_{\mathrm{G}} \tag{4.98}$$

这里 $2\boldsymbol{\omega} \times \dot{\boldsymbol{r}}$ 来自科里奥利力 (当一个质点相对于惯性系做直线运动时，相对于旋转体系，其轨迹是一条曲线) 的贡献，$\boldsymbol{\omega} \times (\boldsymbol{\omega} \times \boldsymbol{r})$ 来自惯性离心力 (非惯性参考系框架下的假想力) 的贡献。科里奥利力和惯性离心力是旋转参考系非惯性引来的形式"力"，前者源于参考系坐标轴方向的自转，后者源于坐标点的非惯性运动。下标 NC 代表不守恒的力，包括各种各样的非引力相互作用力。下标 G 代表来自地球以外其他天体的引力。

总能量加势能得到动能

$$\frac{1}{2}\dot{\boldsymbol{r}} \cdot \dot{\boldsymbol{r}} - \frac{1}{2}(\boldsymbol{\omega} \times \boldsymbol{r}) \cdot (\boldsymbol{\omega} \times \boldsymbol{r}) = H + V = H + V_l + V_h \tag{4.99}$$

$$H + V_l = \frac{1}{2}\dot{\boldsymbol{r}} \cdot \dot{\boldsymbol{r}} - \frac{1}{2}(\boldsymbol{\omega} \times \boldsymbol{r}) \cdot (\boldsymbol{\omega} \times \boldsymbol{r}) - \int_{t_0}^{t} \boldsymbol{a}_{\mathrm{NC}} \cdot \dot{\boldsymbol{r}}\mathrm{d}t' - \int_{t_0}^{t} \boldsymbol{a}_{\mathrm{G}} \cdot \dot{\boldsymbol{r}}\mathrm{d}t' - U - V_h$$

$$\tag{4.100}$$

上机作业

利用太极一号卫星和天琴一号卫星数据反演地球重力场。参考文献：arXiv: 2203.05876。

4.5　 N 体问题的运动方程

假设 N 个天体 P_1, P_2, $\cdots$, P_N 的质量分别为 m_1, m_2, $\cdots$, m_N, 它们在某惯性坐标系下的位置向量分别为 $\boldsymbol{r}_1$, $\boldsymbol{r}_2$, $\cdots$, $\boldsymbol{r}_N$, 则天体 P_j 对天体 P_i 的万有引力为

$$\boldsymbol{f}_{ij} = \frac{Gm_i m_j}{r_{ij}^3}\boldsymbol{r}_{ij}$$

$$\tag{4.101}$$

$$\boldsymbol{r}_{ij} = \boldsymbol{r}_j - \boldsymbol{r}_i$$

$$\tag{4.102}$$

所以天体 P_i 在这 N 个天体组成的系统中受到的作用力就是其他 $N-1$ 个天体分别对它产生万有引力的和，其中，$\boldsymbol{r}_{ij}$ 就是从 P_i 指向 P_j 的矢量。故而天体 P_i 的运动方程可写为

$$m_i\ddot{\boldsymbol{r}}_i = G\sum_{\substack{j=1 \\ j \neq i}}^{N} \frac{m_i m_j}{r_{ij}^3}\boldsymbol{r}_{ij}$$

$$\tag{4.103}$$

为了我们在下面引入 N 体问题力函数的概念，我们首先介绍矢量偏导数。取前述惯性系的直角坐标，则 $\boldsymbol{r}_i = (x_i, y_i, z_i)$。假设有一个函数 U, 其自变量是所有的 $\boldsymbol{r}_i$。等价地，相当于我们有函数 $U(x_1, x_2, \cdots, x_N, y_1, y_2, \cdots, y_N, z_1, z_2, \cdots, z_N)$。所以偏导数 $\dfrac{\partial U}{\partial x_i}$、$\dfrac{\partial U}{\partial y_i}$ 和 $\dfrac{\partial U}{\partial z_i}$ 的含义是清楚的。接下来我们定义矢量偏导数

$$\frac{\partial U}{\partial \boldsymbol{r}_i} \equiv \frac{\partial U}{\partial x_i}\hat{e}_x + \frac{\partial U}{\partial y_i}\hat{e}_y + \frac{\partial U}{\partial z_i}\hat{e}_z$$

$$\tag{4.104}$$

上述定义表明 $\dfrac{\partial U}{\partial \boldsymbol{r}_i}$ 基本上就是一个梯度 $\nabla_i U$, 跟一般的梯度不一样的是现在的 U 不只是一个空间位置的函数，而是很多空间位置的函数，所以我们需要指明是

相对于哪一个空间位置的梯度。所以我们多加了一个下标 i 来表明其相对于第 i 个空间位置。比如

$$r_{ij} \equiv |\boldsymbol{r}_{ij}| = |\boldsymbol{r}_j - \boldsymbol{r}_i| = \sqrt{(x_i - x_j)^2 + (y_i - y_j)^2 + (z_i - z_j)^2} \tag{4.105}$$

这就是一个 $\boldsymbol{r}_i$ 和 $\boldsymbol{r}_j$ 的函数，下面我们来求 $\dfrac{\partial r_{ij}}{\partial \boldsymbol{r}_i}$。

$$\begin{aligned} r_{ij}^2 &= (\boldsymbol{r}_j - \boldsymbol{r}_i) \cdot (\boldsymbol{r}_j - \boldsymbol{r}_i) \\ &= r_j^2 + r_i^2 - 2\boldsymbol{r}_i \cdot \boldsymbol{r}_j \end{aligned} \tag{4.106}$$

$$\nabla_i(r_{ij}^2) = 2\boldsymbol{r}_i - 2\boldsymbol{r}_j = -2\boldsymbol{r}_{ij} \tag{4.107}$$

$$\nabla_i(r_{ij}^2) = 2r_{ij}\nabla_i r_{ij} \tag{4.108}$$

$$\frac{\partial r_{ij}}{\partial \boldsymbol{r}_i} \equiv \nabla_i r_{ij} = -\frac{\boldsymbol{r}_{ij}}{r_{ij}} \equiv -\hat{r}_{ij} \tag{4.109}$$

上面的计算我们使用了关系

$$\nabla(\boldsymbol{A} \cdot \boldsymbol{B}) = \boldsymbol{A} \times (\nabla \times \boldsymbol{B}) + (\boldsymbol{A} \cdot \nabla)\boldsymbol{B} + \boldsymbol{B} \times (\nabla \times \boldsymbol{A}) + (\boldsymbol{B} \cdot \nabla)\boldsymbol{A} \tag{4.110}$$

通过类似的计算我们还可以得到

$$\frac{\partial r_{ij}}{\partial \boldsymbol{r}_j} \equiv \nabla_j r_{ij} = \hat{r}_{ij} \tag{4.111}$$

作业

根据矢量偏导数的定义式 (4.104) 直接推导式 (4.109) 和式 (4.111)。

下面我们引入 N 体问题的力函数

$$U \equiv G \sum_{i=1}^{N} \sum_{j=1+i}^{N} \frac{m_i m_j}{r_{ij}} \tag{4.112}$$

其自变量是所有的 $\boldsymbol{r}_i$。我们首先注意到，上述定义式中求和指标的含义实为 $1 \leqslant i < j \leqslant N$。如果把 i, j 对调我们得到

$$G \sum_{j=1}^{N} \sum_{i=1+j}^{N} \frac{m_i m_j}{r_{ij}} \tag{4.113}$$

由于 i, j 指标是对称的，所以该式与上述定义式相等。从而 U 等于它们和的一半

$$U = \frac{1}{2}\left[G\sum_{i=1}^{N}\sum_{j=1+i}^{N} \frac{m_i m_j}{r_{ij}} + G\sum_{j=1}^{N}\sum_{i=1+j}^{N} \frac{m_i m_j}{r_{ij}} \right]$$

$$= \frac{1}{2}G\sum_{i=1}^{N}\sum_{\substack{j=1 \\ j\neq i}}^{N} \frac{m_i m_j}{r_{ij}} \tag{4.114}$$

我们也可以纯数学地来理解上述结果

$$U = G\sum_{i=1}^{N}\sum_{j=1+i}^{N} \frac{m_i m_j}{r_{ij}}$$

$$= G\sum_{i=1}^{N}\sum_{j=1+i}^{N} \frac{1}{2}\left(\frac{m_i m_j}{r_{ij}} + \frac{m_i m_j}{r_{ij}} \right)$$

$$= G\sum_{i=1}^{N}\sum_{j=1+i}^{N} \frac{1}{2}\left(\frac{m_i m_j}{r_{ij}} + \frac{m_j m_i}{r_{ji}} \right)$$

$$= \frac{G}{2}\left(\sum_{i=1}^{N}\sum_{j=1+i}^{N} \frac{m_i m_j}{r_{ij}} + \sum_{i=1}^{N}\sum_{j=1+i}^{N} \frac{m_j m_i}{r_{ji}} \right)$$

$$= \frac{G}{2}\left(\sum_{i=1}^{N}\sum_{j=1+i}^{N} \frac{m_i m_j}{r_{ij}} + \sum_{j=1}^{N}\sum_{i=1+j}^{N} \frac{m_i m_j}{r_{ij}} \right)$$

$$= \frac{G}{2}\left(\sum_{i=1}^{N}\sum_{j=1+i}^{N} + \sum_{j=1}^{N}\sum_{i=1+j}^{N} \right) \frac{m_i m_j}{r_{ij}}$$

$$= \frac{G}{2}\left(\sum_{1\leqslant i<j\leqslant N} + \sum_{1\leqslant j<i\leqslant N} \right) \frac{m_i m_j}{r_{ij}}$$

$$= \frac{G}{2}\sum_{1\leqslant i\neq j\leqslant N} \frac{m_i m_j}{r_{ij}}$$

$$= \frac{G}{2}\sum_{i=1}^{N}\sum_{\substack{j=1 \\ j\neq i}}^{N} \frac{m_i m_j}{r_{ij}} \tag{4.115}$$

从式 (4.115) 第二个等式到第三个等式我们使用了关系 $r_{ij} = r_{ji}$。从式 (4.115) 第四个等式到第五个等式我们使用了求和哑标与记号无关的性质。我们可以由

此计算

$$\nabla_k U = \frac{G}{2} \sum_{1 \leqslant i \neq j \leqslant N} m_i m_j \nabla_k \left(\frac{1}{r_{ij}} \right) \tag{4.116}$$

$$\nabla_k \left(\frac{1}{r_{ij}} \right) = -\frac{1}{r_{ij}^2} \nabla_k r_{ij} \tag{4.117}$$

$$\nabla_k r_{ij} = \delta_{ik} \nabla_i r_{ij} + \delta_{jk} \nabla_j r_{ij}$$

$$= -\delta_{ik} \hat{r}_{ij} + \delta_{jk} \hat{r}_{ij} \tag{4.118}$$

$$\nabla_k U = \frac{G}{2} \sum_{1 \leqslant i \neq j \leqslant N} \frac{m_i m_j}{r_{ij}^2} \left(\delta_{ik} \hat{r}_{ij} - \delta_{jk} \hat{r}_{ij} \right)$$

$$= \frac{G}{2} \left(\sum_{1 \leqslant i \neq j \leqslant N} \frac{m_i m_j}{r_{ij}^2} \delta_{ik} \hat{r}_{ij} - \sum_{1 \leqslant i \neq j \leqslant N} \frac{m_i m_j}{r_{ij}^2} \delta_{jk} \hat{r}_{ij} \right)$$

$$= \frac{G}{2} \left(\sum_{\substack{j=1 \\ j \neq i}}^{N} \sum_{i=1}^{N} \frac{m_i m_j}{r_{ij}^2} \delta_{ik} \hat{r}_{ij} - \sum_{\substack{i=1 \\ i \neq j}}^{N} \sum_{j=1}^{N} \frac{m_i m_j}{r_{ij}^2} \delta_{jk} \hat{r}_{ij} \right)$$

$$= \frac{G}{2} \left(\sum_{\substack{j=1 \\ j \neq k}}^{N} \frac{m_k m_j}{r_{kj}^2} \hat{r}_{kj} - \sum_{\substack{i=1 \\ i \neq k}}^{N} \frac{m_i m_k}{r_{ik}^2} \hat{r}_{ik} \right)$$

$$= \frac{G}{2} \left(\sum_{\substack{j=1 \\ j \neq k}}^{N} \frac{m_k m_j}{r_{kj}^2} \hat{r}_{kj} - \sum_{\substack{j=1 \\ j \neq k}}^{N} \frac{m_j m_k}{r_{jk}^2} \hat{r}_{jk} \right)$$

$$= G \sum_{\substack{j=1 \\ j \neq k}}^{N} \frac{m_k m_j}{r_{kj}^2} \hat{r}_{kj} \tag{4.119}$$

对比式 (4.103) 我们有

$$m_i \ddot{\boldsymbol{r}}_i = \nabla_i U \tag{4.120}$$

形式上，U 是力的母函数，所以我们称之为力函数。相比前面我们讲过的 N 个天体的势函数 V，这里的力函数是 N 个天体中每个天体产生的引力都相当时，相对于任何一个天体而言的；而 N 个天体的势函数是相对于第 $N+1$ 个天体而言的。这里的第 $N+1$ 个天体是测试天体，即所产生引力相较前述 N 个天体产生

的引力可忽略不计。我们可以把 U 写作

$$U = \frac{1}{2} \sum_{i=1}^{N} m_i \left(\sum_{\substack{j=1 \\ j \neq i}}^{N} G \frac{m_j}{r_{ij}} \right) \tag{4.121}$$

上式括号里的部分实际上是排除天体 P_i 后剩下的 $N-1$ 个天体产生的势函数 (差个负号)，乘以 m_i 后是天体 P_i 与另外 $N-1$ 个天体相互作用的势能 (差个负号)，再对所有 i 求和后就是总的势能 (差个负号)，但注意势能是相互的，所以应该除以 2。也就是说力函数 U 实为 N 体系统总的势能 (差个负号)。

　　概括起来讲，力函数的梯度就是力；但势函数的梯度要乘以相应的荷之后才是力。所以势函数往往跟着定语，某某势函数。比如电势函数，引力势函数等。其定语也表明相应的荷是什么。引力势函数的荷就是物体质量。

　　实际上，对于两两相互作用的 N 体系统

$$\boldsymbol{F}_i = \sum_{\substack{j=1 \\ j \neq i}}^{N} \boldsymbol{F}_{ij} \tag{4.122}$$

如果两两相互作用力可表示为势能负梯度

$$\boldsymbol{F}_{ij} = -\nabla_i V_{ij} = \nabla_j V_{ij} \tag{4.123}$$

则

$$\boldsymbol{F}_i = -\nabla_i \sum_{\substack{j=1 \\ j \neq i}}^{N} V_{ij}$$

$$= -\nabla_i \left(\sum_{\substack{j=1 \\ j \neq i}}^{N} V_{ij} + \sum_{\substack{j=1 \\ j \neq i}}^{N} \sum_{\substack{k=1 \\ k \neq i,j}}^{N} V_{kj} \right)$$

$$= -\nabla_i \left[\sum_{\substack{j=1 \\ j \neq i}}^{N} \left(V_{ij} + \sum_{\substack{k=1 \\ k \neq i,j}}^{N} V_{kj} \right) \right]$$

$$= -\nabla_i \left(\sum_{\substack{j=1 \\ j \neq i}}^{N} \sum_{\substack{k=1 \\ k \neq j}}^{N} V_{kj} \right)$$

$$= -\nabla_i \left(\sum_{1 \leqslant j \neq k \leqslant N} V_{kj} \right)$$

$$= -\nabla_i V \tag{4.124}$$

$$V \equiv \sum_{1 \leqslant j \neq k \leqslant N} V_{kj} \tag{4.125}$$

即力函数 U 总为 N 体系统总的势能 (差个负号)$-V$。上面推导中式 (4.124) 是因为当 $i \neq j, k$ 时，有 $\nabla_i V_{kj} = 0$，所以可以白加第二项。

4.6 N 体问题的经典守恒量

4.6.1 动量守恒

对于 N 体问题，我们一共有 N 个 (4.103) 这样的动力学方程。我们把这 N 个动力学方程相加得到

$$\sum_{i=1}^{N} m_i \ddot{\boldsymbol{r}}_i = G \sum_{i=1}^{N} \sum_{\substack{j=1 \\ j \neq i}}^{N} \frac{m_i m_j}{r_{ij}^3} \boldsymbol{r}_{ij}$$

$$= \frac{G}{2} \left(\sum_{i=1}^{N} \sum_{\substack{j=1 \\ j \neq i}}^{N} \frac{m_i m_j}{r_{ij}^3} \boldsymbol{r}_{ij} + \sum_{i=1}^{N} \sum_{\substack{j=1 \\ j \neq i}}^{N} \frac{m_i m_j}{r_{ij}^3} \boldsymbol{r}_{ij} \right)$$

$$= \frac{G}{2} \left(\sum_{i=1}^{N} \sum_{\substack{j=1 \\ j \neq i}}^{N} \frac{m_i m_j}{r_{ij}^3} \boldsymbol{r}_{ij} + \sum_{j=1}^{N} \sum_{\substack{i=1 \\ i \neq j}}^{N} \frac{m_j m_i}{r_{ji}^3} \boldsymbol{r}_{ji} \right)$$

$$= \frac{G}{2} \left(\sum_{i=1}^{N} \sum_{\substack{j=1 \\ j \neq i}}^{N} \frac{m_i m_j}{r_{ij}^3} \boldsymbol{r}_{ij} - \sum_{j=1}^{N} \sum_{\substack{i=1 \\ i \neq j}}^{N} \frac{m_i m_j}{r_{ij}^3} \boldsymbol{r}_{ij} \right)$$

$$= \frac{G}{2} \left(\sum_{i=1}^{N} \sum_{\substack{j=1 \\ j \neq i}}^{N} \frac{m_i m_j}{r_{ij}^3} \boldsymbol{r}_{ij} - \sum_{i=1}^{N} \sum_{\substack{j=1 \\ j \neq i}}^{N} \frac{m_i m_j}{r_{ij}^3} \boldsymbol{r}_{ij} \right)$$

$$= \frac{G}{2} \sum_{i=1}^{N} \sum_{\substack{j=1 \\ j \neq i}}^{N} \frac{m_i m_j}{r_{ij}^3} \left(\boldsymbol{r}_{ij} - \boldsymbol{r}_{ij} \right)$$

$$= 0 \tag{4.126}$$

$$\sum_{i=1}^{N} m_i \dot{\boldsymbol{r}}_i = \boldsymbol{C}_1 \tag{4.127}$$

$$\sum_{i=1}^{N} m_i \boldsymbol{r}_i = \boldsymbol{C}_1 t + \boldsymbol{C}_2 \tag{4.128}$$

从上式可以看出，$\boldsymbol{C}_2$ 除以总质量实为初始时刻 N 体质心的位置，$\boldsymbol{C}_1$ 除以总质量为质心的运动速度。

实际上，对于两两相互作用的 N 体系统

$$\boldsymbol{F}_i = \sum_{\substack{j=1 \\ j \neq i}}^{N} \boldsymbol{F}_{ij} \tag{4.129}$$

如果两两相互作用力互为作用力与反作用力 $\boldsymbol{F}_{ij} = -\boldsymbol{F}_{ji}$，则动量守恒。理由如下

$$
\begin{aligned}
\sum_{i=1}^{N} m_i \ddot{\boldsymbol{r}}_i &= \sum_{i=1}^{N} \sum_{\substack{j=1 \\ j \neq i}}^{N} \boldsymbol{F}_{ij} \\
&= \sum_{i=1}^{N} \left(\sum_{j=1}^{i-1} + \sum_{j=i+1}^{N} \right) \boldsymbol{F}_{ij} \\
&= \sum_{i=1}^{N} \left(\sum_{j=1}^{i-1} \boldsymbol{F}_{ij} - \sum_{j=i+1}^{N} \boldsymbol{F}_{ji} \right) \\
&= \sum_{i=1}^{N} \sum_{j=1}^{i-1} \boldsymbol{F}_{ij} - \sum_{i=1}^{N} \sum_{j=i+1}^{N} \boldsymbol{F}_{ji} \\
&= \sum_{i=1}^{N} \sum_{j=1}^{i-1} \boldsymbol{F}_{ij} - \sum_{j=1}^{N} \sum_{i=1}^{j-1} \boldsymbol{F}_{ji} \\
&= \sum_{i=1}^{N} \sum_{j=1}^{i-1} \boldsymbol{F}_{ij} - \sum_{i=1}^{N} \sum_{j=1}^{i-1} \boldsymbol{F}_{ij} \\
&= 0 \tag{4.130}
\end{aligned}
$$

4.6.2 角动量守恒

我们在动力学方程 (4.103) 两边从左叉乘 $\boldsymbol{r}_i$ 然后对 N 个这样的方程求和

$$
\sum_{i=1}^{N} m_i \boldsymbol{r}_i \times \ddot{\boldsymbol{r}}_i = G \sum_{i=1}^{N} \sum_{\substack{j=1 \\ j \neq i}}^{N} \frac{m_i m_j}{r_{ij}^3} \boldsymbol{r}_i \times \boldsymbol{r}_{ij}
$$

$$
= G \sum_{i=1}^{N} \sum_{\substack{j=1 \\ j \neq i}}^{N} \frac{m_i m_j}{r_{ij}^3} \boldsymbol{r}_i \times (\boldsymbol{r}_j - \boldsymbol{r}_i)
$$

$$
= G \sum_{i=1}^{N} \sum_{\substack{j=1 \\ j \neq i}}^{N} \frac{m_i m_j}{r_{ij}^3} \boldsymbol{r}_i \times \boldsymbol{r}_j
$$

$$
= G \sum_{i=1}^{N} \sum_{\substack{j=1 \\ j \neq i}}^{N} \frac{m_i m_j}{r_{ij}^3} \boldsymbol{r}_i \times \boldsymbol{r}_j
$$

$$
= \frac{G}{2} \left(\sum_{i=1}^{N} \sum_{\substack{j=1 \\ j \neq i}}^{N} \frac{m_i m_j}{r_{ij}^3} \boldsymbol{r}_i \times \boldsymbol{r}_j + \sum_{i=1}^{N} \sum_{\substack{j=1 \\ j \neq i}}^{N} \frac{m_i m_j}{r_{ij}^3} \boldsymbol{r}_i \times \boldsymbol{r}_j \right)
$$

$$
= \frac{G}{2} \left(\sum_{i=1}^{N} \sum_{\substack{j=1 \\ j \neq i}}^{N} \frac{m_i m_j}{r_{ij}^3} \boldsymbol{r}_i \times \boldsymbol{r}_j + \sum_{j=1}^{N} \sum_{\substack{i=1 \\ i \neq j}}^{N} \frac{m_j m_i}{r_{ji}^3} \boldsymbol{r}_j \times \boldsymbol{r}_i \right)
$$

$$
= \frac{G}{2} \left(\sum_{i=1}^{N} \sum_{\substack{j=1 \\ j \neq i}}^{N} \frac{m_i m_j}{r_{ij}^3} \boldsymbol{r}_i \times \boldsymbol{r}_j - \sum_{j=1}^{N} \sum_{\substack{i=1 \\ i \neq j}}^{N} \frac{m_i m_j}{r_{ij}^3} \boldsymbol{r}_i \times \boldsymbol{r}_j \right)
$$

$$
= \frac{G}{2} \left(\sum_{i=1}^{N} \sum_{\substack{j=1 \\ j \neq i}}^{N} \frac{m_i m_j}{r_{ij}^3} \boldsymbol{r}_i \times \boldsymbol{r}_j - \sum_{i=1}^{N} \sum_{\substack{j=1 \\ j \neq i}}^{N} \frac{m_i m_j}{r_{ij}^3} \boldsymbol{r}_i \times \boldsymbol{r}_j \right)
$$

$$
= 0 \tag{4.131}
$$

在二体问题的时候我们推算过

$$
\frac{\mathrm{d}}{\mathrm{d}t}(\boldsymbol{r} \times \dot{\boldsymbol{r}}) = \boldsymbol{r} \times \ddot{\boldsymbol{r}} \tag{4.132}
$$

所以我们有

$$\sum_{i=1}^{N} m_i \frac{\mathrm{d}}{\mathrm{d}t}(\boldsymbol{r}_i \times \dot{\boldsymbol{r}}_i) = 0 \tag{4.133}$$

$$\frac{\mathrm{d}}{\mathrm{d}t}\left(\sum_{i=1}^{N} m_i \boldsymbol{r}_i \times \dot{\boldsymbol{r}}_i\right) = 0 \tag{4.134}$$

$$\sum_{i=1}^{N} m_i \boldsymbol{r}_i \times \dot{\boldsymbol{r}}_i = \boldsymbol{C}_3 \tag{4.135}$$

$\boldsymbol{C}_3$ 就是 N 个天体总的角动量。

和前述的动量守恒类似，实际上，对于两两相互作用的 N 体系统

$$\boldsymbol{F}_i = \sum_{\substack{j=1 \\ j \neq i}}^{N} \boldsymbol{F}_{ij} \tag{4.136}$$

如果两两相互作用力互为作用力与反作用力，$\boldsymbol{F}_{ij} = -\boldsymbol{F}_{ji}$，而且力的方向平行于 $\boldsymbol{r}_{ij}$，则角动量守恒。理由如下

$$\begin{aligned}
\sum_{i=1}^{N} m_i \boldsymbol{r}_i \times \ddot{\boldsymbol{r}}_i &= \sum_{i=1}^{N} \sum_{\substack{j=1 \\ j \neq i}}^{N} \boldsymbol{r}_i \times \boldsymbol{F}_{ij} \\
&= \sum_{i=1}^{N} \left(\sum_{j=1}^{i-1} + \sum_{j=i+1}^{N}\right) \boldsymbol{r}_i \times \boldsymbol{F}_{ij} \\
&= \sum_{i=1}^{N} \left(\sum_{j=1}^{i-1} \boldsymbol{r}_i \times \boldsymbol{F}_{ij} - \sum_{j=i+1}^{N} \boldsymbol{r}_i \times \boldsymbol{F}_{ji}\right) \\
&= \sum_{i=1}^{N} \sum_{j=1}^{i-1} \boldsymbol{r}_i \times \boldsymbol{F}_{ij} - \sum_{i=1}^{N} \sum_{j=i+1}^{N} \boldsymbol{r}_i \times \boldsymbol{F}_{ji} \\
&= \sum_{i=1}^{N} \sum_{j=1}^{i-1} \boldsymbol{r}_i \times \boldsymbol{F}_{ij} - \sum_{j=1}^{N} \sum_{i=1}^{j-1} \boldsymbol{r}_i \times \boldsymbol{F}_{ji} \\
&= \sum_{i=1}^{N} \sum_{j=1}^{i-1} \boldsymbol{r}_i \times \boldsymbol{F}_{ij} - \sum_{i=1}^{N} \sum_{j=1}^{i-1} \boldsymbol{r}_j \times \boldsymbol{F}_{ij} \\
&= \sum_{i=1}^{N} \sum_{j=1}^{i-1} \boldsymbol{r}_{ji} \times \boldsymbol{F}_{ij} \\
&= 0 \tag{4.137}
\end{aligned}$$

根据角动量守恒，我们就知道 C_3 的方向不会改变，于是垂直于 C_3 的平面被称为不变平面。一般情况下，很难寻找这个不变平面。但在某个时刻，如果 N 天体系统的所有天体处于同一平面内，所有天体的运动速度的方向也躺在该平面内，使用质心惯性系，我们就有 r_i 和 $\dot{r}_i$ 都躺在该平面内。我们以该平面为 x-y 平面建立惯性坐标系，则有 $z_i = 0$ 和 $\dot{z}_i = 0$。由于万有引力的方向完全躺在 x-y 平面内，所以有 $\ddot{z}_i = 0$。因而我们知道 z_i 将永远保持为 0，即所有 N 个天体的运动将被限制在 x-y 平面内，也就是说轨道平面就是不变平面。但注意这个结论只在这个特殊情况成立。

4.6.3 能量守恒

这次我们考虑力函数形式的动力学方程 (4.120)，在方程两边点乘 $\dot{r}_i$，再对 N 个方程求和

$$\sum_{i=1}^{N} m_i \dot{r}_i \cdot \ddot{r}_i = \sum_{i=1}^{N} \dot{r}_i \cdot \nabla_i U \tag{4.138}$$

$$\frac{\mathrm{d}U}{\mathrm{d}t} = \sum_{i=1}^{N} \frac{\partial U}{\partial r_i} \cdot \dot{r}_i \tag{4.139}$$

$$\sum_{i=1}^{N} m_i \dot{r}_i \cdot \ddot{r}_i = \frac{\mathrm{d}U}{\mathrm{d}t} \tag{4.140}$$

在二体问题中我们得到过关系

$$\frac{\mathrm{d}}{\mathrm{d}t} (\dot{r} \cdot \dot{r}) = 2\dot{r} \cdot \ddot{r} \tag{4.141}$$

综合这些关系我们有

$$\frac{1}{2} \sum_{i=1}^{N} m_i \frac{\mathrm{d}}{\mathrm{d}t} (\dot{r}_i \cdot \dot{r}_i) = \frac{\mathrm{d}U}{\mathrm{d}t} \tag{4.142}$$

$$\frac{\mathrm{d}}{\mathrm{d}t} \left(\frac{1}{2} \sum_{i=1}^{N} m_i \dot{r}_i \cdot \dot{r}_i - U \right) = 0 \tag{4.143}$$

$$\frac{1}{2} \sum_{i=1}^{N} m_i \dot{r}_i \cdot \dot{r}_i - U = E \tag{4.144}$$

根据之前的分析我们知道 $-U$ 是 N 体系统总的势能，可见守恒量 E 刚好是 N 体系统动能和势能之和，即总能量守恒。

到此我们一共得到 C_1, C_2, C_3 和 E 10 个标量守恒量，它们被称为 N 体系统的 10 个经典守恒量。

4.7　从惯性坐标系到非惯性坐标系再到广义坐标系

4.7.1　相对运动非惯性坐标系

在二体问题中我们通过引入相对运动，亦即引入把坐标原点放到其中一个天体上的非惯性坐标系，得到了有效单体问题，从而简化了二体问题。在这里我们也类似地引入相对运动非惯性坐标系来描述 N 体系统的运动。我们把坐标系的原点放到天体 P_k 上，等价地我们考虑相对位置 $r_i - r_k \equiv r_{ki}$。由于

$$m_i \ddot{r}_i = G \frac{m_k m_i}{r_{ki}^3} r_{ik} + G \sum_{\substack{j=1 \\ j \neq i,k}}^{N} \frac{m_i m_j}{r_{ij}^3} r_{ij} \tag{4.145}$$

$$m_k \ddot{r}_k = G \frac{m_k m_i}{r_{ik}^3} r_{ki} + G \sum_{\substack{j=1 \\ j \neq i,k}}^{N} \frac{m_k m_j}{r_{kj}^3} r_{kj} \tag{4.146}$$

$$\ddot{r}_i = G \frac{m_k}{r_{ki}^3} r_{ik} + G \sum_{\substack{j=1 \\ j \neq i,k}}^{N} \frac{m_j}{r_{ij}^3} r_{ij} \tag{4.147}$$

$$\ddot{r}_k = G \frac{m_i}{r_{ik}^3} r_{ki} + G \sum_{\substack{j=1 \\ j \neq i,k}}^{N} \frac{m_j}{r_{kj}^3} r_{kj} \tag{4.148}$$

上面两式相减我们得到

$$\ddot{r}_i - \ddot{r}_k \equiv \ddot{r}_{ki} = -G \frac{m_i + m_k}{r_{ki}^3} r_{ki} + \sum_{\substack{j=1 \\ j \neq i,k}}^{N} G m_j \left(\frac{r_{ij}}{r_{ij}^3} - \frac{r_{kj}}{r_{kj}^3} \right) \tag{4.149}$$

此即天体 P_i 相对于 P_k 的运动方程。

因为

$$r_{ki} \equiv r_i - r_k \tag{4.150}$$

$$r_{ij} \equiv r_j - r_i = r_j - r_k + r_k - r_i = r_{kj} - r_{ki} \tag{4.151}$$

$$r_{ij}^2 = r_{ij} \cdot r_{ij} = (r_{kj} - r_{ki}) \cdot (r_{kj} - r_{ki})$$

$$= r_{kj}^2 + r_{ki}^2 - 2\boldsymbol{r}_{kj} \cdot \boldsymbol{r}_{ki} \tag{4.152}$$

所以可以把 r_{ij} 看作 $\boldsymbol{r}_{kj}$ 和 $\boldsymbol{r}_{ki}$ 的函数，于是我们有

$$\begin{aligned}
\frac{\partial}{\partial \boldsymbol{r}_{ki}}\bigg|_{\text{fix } \boldsymbol{r}_{kj}} \left(\frac{1}{r_{ij}}\right) &= -\frac{1}{r_{ij}^2}\frac{\partial r_{ij}}{\partial \boldsymbol{r}_{ki}} \\
&= -\frac{1}{2r_{ij}^3}\frac{\partial r_{ij}^2}{\partial \boldsymbol{r}_{ki}} \\
&= -\frac{1}{2r_{ij}^3}\left(2r_{ki}\hat{r}_{ki} - 2\boldsymbol{r}_{kj}\right) \\
&= \frac{\boldsymbol{r}_{ij}}{r_{ij}^3}
\end{aligned} \tag{4.153}$$

显然我们有 (课堂思考)

$$\frac{\partial}{\partial \boldsymbol{r}_{ki}}\left(\frac{\boldsymbol{r}_{ki} \cdot \boldsymbol{r}_{kj}}{r_{kj}^3}\right) = \frac{\partial}{\partial \boldsymbol{r}_{ki}}\bigg|_{\text{固定}\boldsymbol{r}_{kj}}\left(\frac{\boldsymbol{r}_{ki} \cdot \boldsymbol{r}_{kj}}{r_{kj}^3}\right) = \frac{\boldsymbol{r}_{kj}}{r_{kj}^3} \tag{4.154}$$

于是我们可以把式 (4.149) 写为

$$\ddot{\boldsymbol{r}}_{ki} = -G\frac{m_i + m_k}{r_{ki}^3}\boldsymbol{r}_{ki} + \frac{\partial}{\partial \boldsymbol{r}_{ki}}\sum_{\substack{j=1 \\ j \neq i,k}}^{N} Gm_j\left(\frac{1}{r_{ij}} - \frac{\boldsymbol{r}_{ki} \cdot \boldsymbol{r}_{kj}}{r_{kj}^3}\right) \tag{4.155}$$

我们现在把上述方程用原点放到天体 P_k 上的坐标系来表达，则

$$\boldsymbol{r}_{ki} \to \boldsymbol{r}_i, \boldsymbol{r}_{kj} \to \boldsymbol{r}_j, \boldsymbol{r}_{ij} \to \boldsymbol{r}_{ij} \tag{4.156}$$

$$\ddot{\boldsymbol{r}}_i = -G\frac{m_i + m_k}{r_i^3}\boldsymbol{r}_i + \frac{\partial}{\partial \boldsymbol{r}_i}\sum_{\substack{j=1 \\ j \neq i,k}}^{N} Gm_j\left(\frac{1}{r_{ij}} - \frac{\boldsymbol{r}_i \cdot \boldsymbol{r}_j}{r_j^3}\right) \tag{4.157}$$

如果天体 P_k 的质量远大于其他 $N-1$ 个天体的质量，即 $m_k \gg m_i$，则上式右边的第一项主导，第二项可看作微扰。物理上此即，天体 P_k 基本不动，其他天体主要受天体 P_k 的影响运动，再其他的 $N-2$ 个天体只起微扰作用。

课堂思考

联系与区别前面讲过的作用范围。不能完全当二体问题，但可以微扰近似。

类似于式 (4.120)，我们也可以引入相对运动非惯性坐标系力函数的概念

$$m_i\ddot{\boldsymbol{r}}_i = \nabla_i U_i^N \tag{4.158}$$

$$U_i^N = Gm_i \left[\frac{m_i + m_k}{r_i} + \sum_{\substack{j=1 \\ j \neq i,k}}^{N} m_j \left(\frac{1}{r_{ij}} - \frac{\boldsymbol{r}_i \cdot \boldsymbol{r}_j}{r_j^3} \right) \right] \tag{4.159}$$

注意，同式 (4.120) 不一样，这里力函数对不同天体 P_i 不一样。所以在上式中我们使用了下标 i。上标 N 表示相对运动非惯性坐标系。

作业

考虑太阳 P_1、地球 P_2 和木星 P_3 组成的三体系统，写出原点放在太阳上的非惯性坐标系描述的地球 P_2 和木星 P_3 的运动方程。

4.7.2　雅可比坐标系

运动是相对的，实际上我们最关心的运动是天体相对于我们观测者的运动。牛顿理论体系建立了天体相对于惯性参考系的运动，所以基于牛顿理论体系，如果我们观测者和天体分别相对于惯性系的运动可以描述，那么就可以得到天体相对于我们观测者的运动。因此惯性坐标系在我们的理论体系中占据了重要位置。但实际上，我们只要能把运动描述清楚，写出运动方程，使用什么坐标系，或者说使用什么相对于什么的位置并不重要。广义地，我们把描述相对位置的变量通通叫做坐标，或者叫做广义坐标，它和分析力学中的广义坐标是同一个概念。下面我们引入雅可比广义坐标系。该坐标系的优点是约化自由度纬数且简化运动方程。

雅可比广义坐标中的第一个广义坐标是天体 P_2 在原点处于天体 P_1 处的非惯性坐标系下的位置坐标，记作 $\boldsymbol{r}_2'$；第二个广义坐标是天体 P_3 在原点处于二体系统 P_1-P_2 质心处的非惯性坐标系下的位置坐标，记作 $\boldsymbol{r}_3'$；第三个广义坐标是天体 P_4 在原点处于三体系统 P_1-P_2-P_3 质心处的非惯性坐标系下的位置坐标，记作 $\boldsymbol{r}_4'$；以此类推，第 $N-1$ 个广义坐标是天体 P_N 在原点处于 $N-1$ 体系统 P_1-P_2-P_3-$\cdots$-P_{N-1} 质心处的非惯性坐标系下的位置坐标，记作 $\boldsymbol{r}_N'$。

从上面的定义可以看出，雅可比广义坐标只包含 $N-1$ 个位置坐标 $(\boldsymbol{r}_2', \boldsymbol{r}_3', \cdots, \boldsymbol{r}_N')$。这一点和上述相对运动非惯性坐标系很像，由于自己相对于自己的位置永远为零，所以相对运动非惯性坐标系的真正坐标只有 $N-1$ 个 $(\boldsymbol{r}_{1k}, \boldsymbol{r}_{2k}, \cdots, \boldsymbol{r}_{k-1,k}, \boldsymbol{r}_{k+1,k}, \cdots, \boldsymbol{r}_{Nk})$。相对运动非惯性坐标系损失的一个位置坐标需要借助惯性系描述的 $\boldsymbol{r}_k$ 来补齐。但雅可比广义坐标不一样，我们可以接着雅可比广义坐标的定义往下增补一个广义坐标，即 N 体系统 P_1-P_2-P_3-$\cdots$-P_N 质心的惯性坐标 $\boldsymbol{r}_c$。很显然，我们的下面三组广义坐标是等价的 (用任何一组坐标可表出另外两组坐标)

$$(\boldsymbol{r}_1, \boldsymbol{r}_2, \cdots, \boldsymbol{r}_N) \tag{4.160}$$

$$(\boldsymbol{r}_{1k}, \boldsymbol{r}_{2k}, \cdots, \boldsymbol{r}_{k-1,k}, \boldsymbol{r}_{k+1,k}, \cdots, \boldsymbol{r}_{Nk}, \boldsymbol{r}_k) \tag{4.161}$$

$$(\boldsymbol{r}_2', \boldsymbol{r}_3', \cdots, \boldsymbol{r}_N', \boldsymbol{r}_c) \tag{4.162}$$

特别地，我们有下述关系

$$\boldsymbol{r}_i' = \boldsymbol{r}_i - \frac{1}{\eta_i} \sum_{j=1}^{i-1} m_j \boldsymbol{r}_j, \quad 2 \leqslant i \leqslant N \tag{4.163}$$

$$\eta_i = \sum_{j=1}^{i-1} m_j \tag{4.164}$$

根据上述关系，我们可以推导雅可比广义坐标系下的运动方程

$$\ddot{\boldsymbol{r}}_i' = \ddot{\boldsymbol{r}}_i - \frac{1}{\eta_i} \sum_{j=1}^{i-1} m_j \ddot{\boldsymbol{r}}_j, \quad 2 \leqslant i \leqslant N$$

$$= \frac{1}{m_i} \frac{\partial U}{\partial \boldsymbol{r}_i} - \frac{1}{\eta_i} \sum_{j=1}^{i-1} \frac{\partial U}{\partial \boldsymbol{r}_j} \tag{4.165}$$

我们需要的运动方程应该是一个自我封闭的方程，即只能包含已知量和待求函数。但上述方程还包含未知量 $\boldsymbol{r}_i$ 和相对于 $\boldsymbol{r}_i$ 的导数。我们接下来把它们替换为待求函数 $\boldsymbol{r}_i'$ 和相对于 $\boldsymbol{r}_i'$ 的导数。

为了讨论 $\boldsymbol{r}_i$ 与 $\boldsymbol{r}_i'$ 之间的相互变换关系，我们先考察以下的下三角线性系统

$$y_i = x_i + \sum_{j=1}^{i-1} a_{ij} x_j \tag{4.166}$$

$$x_i = y_i + \sum_{j=1}^{i-1} A_{ij} y_j \tag{4.167}$$

$$A_{ij} = -a_{ij} - \sum_{k=j+1}^{i-1} a_{ik} A_{kj}, \quad j \leqslant i-1 \tag{4.168}$$

如果把 $\boldsymbol{r}_i$ 对应成上述的 x_i，把 $\boldsymbol{r}_1$ 看成是 y_1 以及 $y_i = \boldsymbol{r}_i'$，$2 \leqslant i \leqslant N$，则式 (4.163) 告诉我们

$$a_{ij} = -\frac{m_j}{\eta_i}, \quad j \leqslant i-1 \tag{4.169}$$

$$A_{ij} = \frac{m_j}{\eta_i} + \sum_{k=j+1}^{i-1} \frac{m_k}{\eta_i} A_{kj} = \frac{m_j}{\eta_{j+1}}, \quad j \leqslant i-1 \tag{4.170}$$

我们把上述结果写成明显的矩阵形式为

$$
\begin{pmatrix} \boldsymbol{r}_1 \\ \boldsymbol{r}_2' \\ \vdots \\ \boldsymbol{r}_N' \end{pmatrix} = \begin{pmatrix} 1 & 0 & \cdots & 0 \\ a_{21} & 1 & 0 & \cdots \\ \vdots & \vdots & \vdots & \vdots \\ a_{N1} & a_{N2} & \cdots & 1 \end{pmatrix} \begin{pmatrix} \boldsymbol{r}_1 \\ \boldsymbol{r}_2 \\ \vdots \\ \boldsymbol{r}_N \end{pmatrix} = \begin{pmatrix} 1 & 0 & \cdots & 0 \\ -\dfrac{m_1}{\eta_2} & 1 & 0 & \cdots \\ \vdots & \vdots & \vdots & \vdots \\ -\dfrac{m_1}{\eta_N} & -\dfrac{m_2}{\eta_N} & \cdots & 1 \end{pmatrix} \begin{pmatrix} \boldsymbol{r}_1 \\ \boldsymbol{r}_2 \\ \vdots \\ \boldsymbol{r}_N \end{pmatrix}
$$

$$(4.171)$$

$$
\begin{pmatrix} \boldsymbol{r}_1 \\ \boldsymbol{r}_2 \\ \vdots \\ \boldsymbol{r}_N \end{pmatrix} = \begin{pmatrix} 1 & 0 & \cdots & 0 \\ A_{21} & 1 & 0 & \cdots \\ \vdots & \vdots & \vdots & \vdots \\ A_{N1} & A_{N2} & \cdots & 1 \end{pmatrix} \begin{pmatrix} \boldsymbol{r}_1 \\ \boldsymbol{r}_2' \\ \vdots \\ \boldsymbol{r}_N' \end{pmatrix} = \begin{pmatrix} 1 & 0 & \cdots & 0 \\ \dfrac{m_1}{\eta_2} & 1 & 0 & \cdots \\ \vdots & \vdots & \vdots & \vdots \\ \dfrac{m_1}{\eta_2} & \dfrac{m_2}{\eta_3} & \cdots & 1 \end{pmatrix} \begin{pmatrix} \boldsymbol{r}_1 \\ \boldsymbol{r}_2' \\ \vdots \\ \boldsymbol{r}_N' \end{pmatrix}
$$

$$(4.172)$$

为了寻求 $(\boldsymbol{r}_2', \boldsymbol{r}_3', \cdots, \boldsymbol{r}_N', \boldsymbol{r}_c)$ 与 $(\boldsymbol{r}_1, \boldsymbol{r}_2, \cdots, \boldsymbol{r}_N)$ 之间的相互变换，我们引入记号 $\boldsymbol{r}_{ic}$ 来标记从 1 到 i 个天体组成系统的质心坐标

$$
\boldsymbol{r}_{ic} \equiv \frac{\sum\limits_{j=1}^{i} m_j \boldsymbol{r}_j}{\eta_{i+1}} \tag{4.173}
$$

基于这个记号，我们有关系

$$
\boldsymbol{r}_i' = \boldsymbol{r}_i - \boldsymbol{r}_{i-1c} \tag{4.174}
$$

$$
\boldsymbol{r}_{i-1c} = \boldsymbol{r}_i - \boldsymbol{r}_i'
$$

$$
= \boldsymbol{r}_1 + \sum_{j=2}^{i-1} \frac{m_j}{\eta_{j+1}} \boldsymbol{r}_j' + \boldsymbol{r}_i' - \boldsymbol{r}_i'
$$

$$
= \boldsymbol{r}_1 + \sum_{j=2}^{i-1} \frac{m_j}{\eta_{j+1}} \boldsymbol{r}_j' \tag{4.175}
$$

特别地，我们有

$$
\boldsymbol{r}_c = \frac{\sum\limits_{j=1}^{N} m_j \boldsymbol{r}_j}{M} \tag{4.176}
$$

$$\boldsymbol{r}_c = \boldsymbol{r}_1 + \sum_{j=2}^{N-1} \frac{m_j}{\eta_{j+1}} \boldsymbol{r}_j' + \frac{m_N}{M} \boldsymbol{r}_N' \tag{4.177}$$

这里的 M 表示 N 个天体的总质量。由此我们解得

$$\boldsymbol{r}_1 = \boldsymbol{r}_c - \sum_{j=2}^{N-1} \frac{m_j}{\eta_{j+1}} \boldsymbol{r}_j' - \frac{m_N}{M} \boldsymbol{r}_N' \tag{4.178}$$

我们可以把式 (4.172) 等价地写为

$$\boldsymbol{r}_i = \frac{m_1}{\eta_2} \boldsymbol{r}_1 + \sum_{j=2}^{i-1} \frac{m_j}{\eta_{j+1}} \boldsymbol{r}_j' + \boldsymbol{r}_i', \quad i = 2, \cdots, N \tag{4.179}$$

再代入 (4.178) 我们得到

$$
\begin{aligned}
\boldsymbol{r}_i &= \boldsymbol{r}_c - \sum_{j=2}^{N-1} \frac{m_j}{\eta_{j+1}} \boldsymbol{r}_j' - \frac{m_N}{M} \boldsymbol{r}_N' + \sum_{j=2}^{i-1} \frac{m_j}{\eta_{j+1}} \boldsymbol{r}_j' + \boldsymbol{r}_i' \\
&= \boldsymbol{r}_c - \sum_{j=i+1}^{N-1} \frac{m_j}{\eta_{j+1}} \boldsymbol{r}_j' - \frac{m_N}{M} \boldsymbol{r}_N' + \left(1 - \frac{m_i}{\eta_{i+1}}\right) \boldsymbol{r}_i' \\
&= \boldsymbol{r}_c + \frac{\eta_i}{\eta_{i+1}} \boldsymbol{r}_i' - \sum_{j=i+1}^{N-1} \frac{m_j}{\eta_{j+1}} \boldsymbol{r}_j' - \frac{m_N}{M} \boldsymbol{r}_N', \quad i = 2, \cdots, N
\end{aligned}
\tag{4.180}
$$

作业

针对 4 体问题，$N = 4$，写出 $(\boldsymbol{r}_2', \boldsymbol{r}_3', \boldsymbol{r}_4', \boldsymbol{r}_c)$ 与 $(\boldsymbol{r}_1, \boldsymbol{r}_2, \boldsymbol{r}_3, \boldsymbol{r}_4)$ 之间的相互变换。

下面我们讨论如何把式 (4.165) 中相对于 $\boldsymbol{r}_i$ 的导数变换为相对于 $\boldsymbol{r}_i'$ 的导数。根据我们之前讨论过的 N 体问题的总动量守恒，我们知道 N 体的质心做惯性运动，所以我们可以选择一个特殊的惯性系，把坐标原点放到质心，这样我们有 $\boldsymbol{r}_c = 0$。所以雅可比广义坐标 $(\boldsymbol{r}_2', \boldsymbol{r}_3', \cdots, \boldsymbol{r}_N', \boldsymbol{r}_c)$ 实际上只有 $N-1$ 个变量。以后我们只考虑这样的雅可比广义坐标，简称雅可比坐标。因此我们有

$$\frac{\partial U}{\partial \boldsymbol{r}_i} = \sum_{j=2}^{N} \frac{\partial U}{\partial \boldsymbol{r}_j'} \frac{\partial \boldsymbol{r}_j'}{\partial \boldsymbol{r}_i} \tag{4.181}$$

上述求和只有 $N-1$ 项，原因就是雅可比坐标只有 $N-1$ 个变量。但记号上我们要明白 $\dfrac{\partial}{\partial \boldsymbol{r}_j'}$ 指的是别的 $\boldsymbol{r}_j'$ 和 $\boldsymbol{r}_c$ 保持不变。进一步地我们有

$$\frac{\partial U}{\partial \boldsymbol{r}_i} = \sum_{j=2}^{N} \frac{\partial U}{\partial \boldsymbol{r}_j'} \frac{\partial \boldsymbol{r}_j'}{\partial \boldsymbol{r}_i}$$

$$= \sum_{j=\max(i,2)}^{N} \frac{\partial U}{\partial \boldsymbol{r}_j'} \frac{\partial \boldsymbol{r}_j'}{\partial \boldsymbol{r}_i} \tag{4.182}$$

$$\frac{\partial U}{\partial \boldsymbol{r}_1} = \sum_{j=2}^{N} \frac{\partial U}{\partial \boldsymbol{r}_j'} \frac{\partial \boldsymbol{r}_j'}{\partial \boldsymbol{r}_1}$$

$$= \sum_{j=2}^{N} \frac{\partial U}{\partial \boldsymbol{r}_j'} a_{j1}$$

$$= -\sum_{j=2}^{N} \frac{\partial U}{\partial \boldsymbol{r}_j'} \frac{m_1}{\eta_j} \tag{4.183}$$

$$\frac{\partial U}{\partial \boldsymbol{r}_i} = \frac{\partial U}{\partial \boldsymbol{r}_i'} \frac{\partial \boldsymbol{r}_i'}{\partial \boldsymbol{r}_i} + \sum_{j=i+1}^{N} \frac{\partial U}{\partial \boldsymbol{r}_j'} \frac{\partial \boldsymbol{r}_j'}{\partial \boldsymbol{r}_i}$$

$$= \frac{\partial U}{\partial \boldsymbol{r}_i'} - \sum_{j=i+1}^{N} \frac{\partial U}{\partial \boldsymbol{r}_j'} \frac{m_i}{\eta_j}, \quad 2 \leqslant i \leqslant N \tag{4.184}$$

把以上结果代入式 (4.165)，我们可以得到

$$\ddot{\boldsymbol{r}}_i' = \frac{1}{m_i} \frac{\partial U}{\partial \boldsymbol{r}_i} - \frac{1}{\eta_i} \sum_{j=1}^{i-1} \frac{\partial U}{\partial \boldsymbol{r}_j} 2 \leqslant i \leqslant N$$

$$= \frac{1}{m_i} \frac{\partial U}{\partial \boldsymbol{r}_i'} - \sum_{j=i+1}^{N} \frac{\partial U}{\partial \boldsymbol{r}_j'} \frac{1}{\eta_j} + \frac{m_1}{\eta_i} \sum_{j=2}^{N} \frac{\partial U}{\partial \boldsymbol{r}_j'} \frac{1}{\eta_j} - \frac{1}{\eta_i} \sum_{j=2}^{i-1} \frac{\partial U}{\partial \boldsymbol{r}_j'} + \frac{1}{\eta_i} \sum_{j=2}^{i-1} \sum_{k=j+1}^{N} \frac{\partial U}{\partial \boldsymbol{r}_k'} \frac{m_j}{\eta_k}$$

$$\tag{4.185}$$

为了进一步简化上面的动力学方程，我们先回顾一下二重定积分，积分顺序变换的问题。

$$\int_a^b \int_x^b f(x,y)\mathrm{d}y\mathrm{d}x = \int_a^b \int_a^y f(x,y)\mathrm{d}x\mathrm{d}y \tag{4.186}$$

二重求和有类似的性质，所以我们有

$$
\begin{aligned}
\sum_{j=2}^{i-1}\sum_{k=j+1}^{N}\frac{m_j}{\eta_k}\frac{\partial U}{\partial \boldsymbol{r}'_k} &= \sum_{j=2}^{i-1}\sum_{k=j+1}^{i-1}\frac{m_j}{\eta_k}\frac{\partial U}{\partial \boldsymbol{r}'_k} + \sum_{j=2}^{i-1}\sum_{k=i}^{N}\frac{m_j}{\eta_k}\frac{\partial U}{\partial \boldsymbol{r}'_k} \\
&= \sum_{k=2}^{i-1}\sum_{j=2}^{k-1}\frac{m_j}{\eta_k}\frac{\partial U}{\partial \boldsymbol{r}'_k} + \sum_{k=i}^{N}\frac{\eta_i - m_1}{\eta_k}\frac{\partial U}{\partial \boldsymbol{r}'_k} \\
&= \sum_{k=2}^{i-1}\frac{\eta_k - m_1}{\eta_k}\frac{\partial U}{\partial \boldsymbol{r}'_k} + \sum_{k=i}^{N}\frac{\eta_i - m_1}{\eta_k}\frac{\partial U}{\partial \boldsymbol{r}'_k} \\
&= \sum_{k=2}^{i-1}\frac{\partial U}{\partial \boldsymbol{r}'_k} - \sum_{k=2}^{i-1}\frac{m_1}{\eta_k}\frac{\partial U}{\partial \boldsymbol{r}'_k} + \sum_{k=i}^{N}\frac{\eta_i}{\eta_k}\frac{\partial U}{\partial \boldsymbol{r}'_k} - \sum_{k=i}^{N}\frac{m_1}{\eta_k}\frac{\partial U}{\partial \boldsymbol{r}'_k} \\
&= \sum_{k=2}^{i-1}\frac{\partial U}{\partial \boldsymbol{r}'_k} + \sum_{k=i}^{N}\frac{\eta_i}{\eta_k}\frac{\partial U}{\partial \boldsymbol{r}'_k} - \sum_{k=2}^{N}\frac{m_1}{\eta_k}\frac{\partial U}{\partial \boldsymbol{r}'_k} \quad (4.187)
\end{aligned}
$$

把上述结果代入式 (4.185)，我们得到

$$
\begin{aligned}
\ddot{\boldsymbol{r}}'_i &= \frac{1}{m_i}\frac{\partial U}{\partial \boldsymbol{r}'_i} - \sum_{j=i+1}^{N}\frac{\partial U}{\partial \boldsymbol{r}'_j}\frac{1}{\eta_j} + \frac{m_1}{\eta_i}\sum_{j=2}^{N}\frac{\partial U}{\partial \boldsymbol{r}'_j}\frac{1}{\eta_j} - \frac{1}{\eta_i}\sum_{j=2}^{i-1}\frac{\partial U}{\partial \boldsymbol{r}'_j} \\
&\quad + \frac{1}{\eta_i}\left[\sum_{j=2}^{i-1}\frac{\partial U}{\partial \boldsymbol{r}'_j} + \sum_{j=i}^{N}\frac{\eta_i}{\eta_j}\frac{\partial U}{\partial \boldsymbol{r}'_j} - \sum_{j=2}^{N}\frac{m_1}{\eta_j}\frac{\partial U}{\partial \boldsymbol{r}'_j}\right] \\
&= \frac{1}{m_i}\frac{\partial U}{\partial \boldsymbol{r}'_i} - \sum_{j=i+1}^{N}\frac{1}{\eta_j}\frac{\partial U}{\partial \boldsymbol{r}'_j} + \sum_{j=i}^{N}\frac{1}{\eta_j}\frac{\partial U}{\partial \boldsymbol{r}'_j} \\
&= \frac{1}{m_i}\frac{\partial U}{\partial \boldsymbol{r}'_i} + \frac{1}{\eta_i}\frac{\partial U}{\partial \boldsymbol{r}'_i} \\
&= \frac{1}{\mu_i}\frac{\partial U}{\partial \boldsymbol{r}'_i} \\
\mu_i &\equiv \frac{m_i\eta_i}{m_i + \eta_i} \quad (4.188)
\end{aligned}
$$

比较式 (4.188) 和式 (4.120) 可见，我们得到的雅可比坐标系下的动力学方程和惯性坐标系下的动力学方程形式一样，同时比惯性坐标系下的动力学方程减少了一个。雅可比坐标系下的动力学方程有 $N-1$ 个，而惯性坐标系下的动力学方程是 N 个。

下面我们来理解一下雅可比坐标系下的动力学方程 (4.188)。以 $N = 2$ 作为简单例子，我们有一个动力学方程

$$\mu_2 = \frac{m_2 \eta_2}{m_2 + \eta_2} = \frac{m_2 m_1}{m_2 + m_1} \tag{4.189}$$

$$\ddot{\boldsymbol{r}}_2' = \frac{1}{\mu_2} \frac{\partial U}{\partial \boldsymbol{r}_2'} \tag{4.190}$$

$$U = G \frac{m_1 m_2}{r_{12}} \tag{4.191}$$

$$r_{12} = r_2' \tag{4.192}$$

我们发现 μ_2 不是别的，正是二体问题中的约化质量，而动力学方程 (4.190) 也不是别的，正是有效单体问题的动力学方程。所以可见，雅可比坐标系实质是二体问题有效单体约化方法向 N 体问题的推广。它的典型优点是减少了未知自由度，或者说减少了待求方程个数，同时还保留了惯性系动力学方程的形式特点。对比相对运动非惯性坐标系，我们这里的方程对每一个天体具有完全相同的力函数。

4.7.3 哈密顿系统和正则坐标变换

根据理论力学的知识我们知道哈密顿系统对应正则方程作为时间一阶导数的动力学方程。所涉及的待求函数被称为正则坐标，包括普通意义的坐标和动量。正则坐标之间的变换叫做正则坐标变换。

从惯性坐标系到相对运动非惯性坐标系的正则坐标变换为

$$(\boldsymbol{r}_1, \boldsymbol{r}_2, ..., \boldsymbol{r}_N; \boldsymbol{p}_1, \boldsymbol{p}_2, ..., \boldsymbol{p}_N) \rightarrow$$

$$\left(\boldsymbol{r}_{1k}, \boldsymbol{r}_{2k}, ..., \boldsymbol{r}_{k-1,k}, \boldsymbol{r}_{k+1,k}, ..., \boldsymbol{r}_{Nk}, \boldsymbol{r}_k; \boldsymbol{p}_1, \boldsymbol{p}_2, ..., \boldsymbol{p}_k, \boldsymbol{p}_{k+1}, ..., \boldsymbol{p}_N, \sum_{i=1}^{N} \boldsymbol{p}_i \right) \tag{4.193}$$

作为正则坐标函数的哈密顿函数如果不依赖于某坐标，则该坐标被称为循环坐标，其对应的共轭量是守恒量。由此，我们可以由上述正则变换立刻判断出总动量 $\sum\limits_{i=1}^{N} \boldsymbol{p}_i$ 守恒。

在雅可比坐标系下，对比哈密顿正则方程和之前得到的动力学方程 (4.188)，我们有

$$\boldsymbol{q}_i = \boldsymbol{r}_{i+1}', \quad i = 1, \cdots, N-1 \tag{4.194}$$

$$\boldsymbol{p}_i = \mu_{i+1} \dot{\boldsymbol{r}}_{i+1}', \quad i = 1, \cdots, N-1 \tag{4.195}$$

$$H = \sum_{i=1}^{N-1} \frac{1}{2\mu_i} p_i^2 - U(\boldsymbol{q}_i) \tag{4.196}$$

这个哈密顿系统相较上述惯性坐标系和相对运动非惯性坐标系对应的哈密顿系统已经被约化掉一个矢量自由度。

如果哈密顿函数不显含时间，则

$$\begin{aligned}
\frac{\mathrm{d}H}{\mathrm{d}t} &= \sum_{i=1}^{N} \frac{\partial H}{\partial q_i} \frac{\mathrm{d}q_i}{\mathrm{d}t} + \sum_{i=1}^{N} \frac{\partial H}{\partial p_i} \frac{\mathrm{d}p_i}{\mathrm{d}t} \\
&= \sum_{i=1}^{N} \frac{\partial H}{\partial q_i} \frac{\partial H}{\partial p_i} - \sum_{i=1}^{N} \frac{\partial H}{\partial p_i} \frac{\partial H}{\partial q_i} \\
&= 0
\end{aligned} \tag{4.197}$$

其中第二行用了哈密顿正则方程。也就是说，不显含时间的哈密顿量本身是一个守恒量。

如果一个哈密顿函数只显含 N 个动量，即 N 个坐标全是循环坐标，则所有动量都是守恒量。于是 $\dfrac{\mathrm{d}q_i}{\mathrm{d}t} = \dfrac{\partial H}{\partial p_i}$ 也是守恒量。这样的正则方程可以直接写出解来。这样的坐标解对应周期函数，所以叫角坐标，这样的动量对应哈密顿–雅可比方程的作用量，所以叫作用量。合到一起，这样的正则坐标叫做作用量–角变量正则坐标。

可积哈密顿系统和作用量–角变量是对应起来的。作用量–角变量的解在相空间中对应一系列环面，被称为 KAM 环面。反之，不可积系统图像上对应破碎掉的 KAM 环面。

虽然一个可积哈密顿系统的作用量–角变量正则坐标并不唯一，但天体力学中有一些常用的作用量–角变量。比如，对于完全可积的二体问题，天体力学中常用的作用量–角变量是德洛奈 (Delaunay) 变量。

从上面的描述可以发现，正则坐标变换可以作为一种形式化的方法来求解哈密顿正则方程。切触变换是一种特殊的正则变换。天体力学中常用的正则变换就是切触变换。如果变换 $(q, p) \to (Q, P)$ 使得下述四个微分式之一是全微分

$$\sum_{i=1}^{N} p_i \mathrm{d}q_i - P_i \mathrm{d}Q_i \tag{4.198}$$

$$\sum_{i=1}^{N} q_i \mathrm{d}p_i - Q_i \mathrm{d}P_i \tag{4.199}$$

$$\sum_{i=1}^{N} p_i \mathrm{d}q_i + Q_i \mathrm{d}P_i \tag{4.200}$$

$$\sum_{i=1}^{N} q_i \mathrm{d}p_i + P_i \mathrm{d}Q_i \tag{4.201}$$

则该变换叫做切触变换。需要注意的是，这里所谓全微分的意思是 p, P, Q 都看作 q 的函数或者等价地把 q, p, P 都看作 Q 的函数。对应上面四个表达式，天体力学中常用四个生成函数的形式来生成正则变换 (切触变换)。

$$\Psi = \Psi(q, Q), \quad p_i = \frac{\partial \Psi}{\partial q_i}, \quad P_i = -\frac{\partial \Psi}{\partial Q_i}, \quad i = 1, \cdots, N \tag{4.202}$$

$$\Psi = \Psi(p, P), \quad q_i = \frac{\partial \Psi}{\partial p_i}, \quad Q_i = -\frac{\partial \Psi}{\partial P_i}, \quad i = 1, \cdots, N \tag{4.203}$$

$$\Psi = \Psi(q, P), \quad p_i = \frac{\partial \Psi}{\partial q_i}, \quad Q_i = \frac{\partial \Psi}{\partial P_i}, \quad i = 1, \cdots, N \tag{4.204}$$

$$\Psi = \Psi(p, Q), \quad q_i = \frac{\partial \Psi}{\partial p_i}, \quad P_i = \frac{\partial \Psi}{\partial Q_i}, \quad i = 1, \cdots, N \tag{4.205}$$

一般地，正则坐标变换会把哈密顿函数转变为

$$H \to \mu H + \alpha \tag{4.206}$$

其中，μ 和 α 分别叫做正则变换的乘子和余函数。切触变换作为特殊的正则变换将保持哈密顿函数不变，即 $\mu = 1, \alpha = 0$。

从惯性坐标系 $(q, p) \equiv (\boldsymbol{r}_i, m_i \dot{\boldsymbol{r}}_i)$ 到雅可比坐标系 $(Q; P) = (\boldsymbol{r}'_2, ..., \boldsymbol{r}'_N, \boldsymbol{r}_c; ?)$ 的正则变化生成函数可写为

$$\Psi = \Psi(q, P) = \sum_{i=2}^{N} \boldsymbol{P}_{i-1} \cdot \boldsymbol{r}'_i(\boldsymbol{r}) + \boldsymbol{P}_N \cdot \boldsymbol{r}_c \tag{4.207}$$

$$\Psi = \sum_{i=2}^{N} \boldsymbol{P}_{i-1} \cdot \left[\boldsymbol{r}_i - \frac{1}{\eta_i} \sum_{j=1}^{i-1} m_j \boldsymbol{r}_j \right] + \boldsymbol{P}_N \cdot \frac{1}{M} \sum_{j=1}^{N} m_j \boldsymbol{r}_j \tag{4.208}$$

根据式 (4.204) 我们得到

$$p_i = \frac{\partial \Psi}{\partial q_i} = \frac{\partial \Psi}{\partial \boldsymbol{r}_i} \tag{4.209}$$

注意到

$$\sum_{i=2}^{N} \boldsymbol{P}_{i-1} \cdot \frac{1}{\eta_i} \sum_{j=1}^{i-1} m_j \boldsymbol{r}_j = \sum_{j=2}^{N} \sum_{k=1}^{j-1} m_k \frac{\boldsymbol{P}_{j-1} \cdot \boldsymbol{r}_k}{\eta_j}$$

$$= \sum_{k=1}^{N} \sum_{j=k+1}^{N} m_k \frac{\boldsymbol{P}_{j-1} \cdot \boldsymbol{r}_k}{\eta_j}$$

$$= \sum_{k=1}^{N} m_k \boldsymbol{r}_k \cdot \sum_{j=k+1}^{N} \frac{\boldsymbol{P}_{j-1}}{\eta_j} \tag{4.210}$$

$$\frac{\partial}{\partial \boldsymbol{r}_i} \sum_{j=2}^{N} \sum_{k=1}^{j-1} m_k \frac{\boldsymbol{P}_{j-1} \cdot \boldsymbol{r}_k}{\eta_j} = m_i \sum_{j=i+1}^{N} \frac{\boldsymbol{P}_{j-1}}{\eta_j}, \quad i = 1, \cdots, N \tag{4.211}$$

所以

$$m_1 \dot{\boldsymbol{r}}_1 = p_1 = \boldsymbol{P}_N \frac{m_1}{M} - m_1 \sum_{j=2}^{N} \frac{\boldsymbol{P}_{j-1}}{\eta_j} \tag{4.212}$$

$$m_i \dot{\boldsymbol{r}}_i = p_i = \boldsymbol{P}_{i-1} + \boldsymbol{P}_N \frac{m_i}{M} - m_i \sum_{j=i+1}^{N} \frac{\boldsymbol{P}_{j-1}}{\eta_j}, \quad i = 2, \cdots, N \tag{4.213}$$

具体到三体 $N = 3$ 的情形，我们有

$$m_1 \dot{\boldsymbol{r}}_1 = p_1 = \boldsymbol{P}_3 \frac{m_1}{M} - m_1 \frac{\boldsymbol{P}_1}{\eta_2} - m_1 \frac{\boldsymbol{P}_2}{\eta_3} = \boldsymbol{P}_3 \frac{m_1}{M} - \boldsymbol{P}_1 - m_1 \frac{\boldsymbol{P}_2}{\eta_3} \tag{4.214}$$

$$m_2 \dot{\boldsymbol{r}}_2 = p_2 = \boldsymbol{P}_1 + \boldsymbol{P}_3 \frac{m_2}{M} - m_2 \frac{\boldsymbol{P}_2}{\eta_3} \tag{4.215}$$

$$m_3 \dot{\boldsymbol{r}}_3 = p_3 = \boldsymbol{P}_2 + \boldsymbol{P}_3 \frac{m_3}{M} \tag{4.216}$$

上面三个等式相加得到

$$p_1 + p_2 + p_3 = \boldsymbol{P}_3 \tag{4.217}$$

然后我们依次解得

$$\boldsymbol{P}_2 = p_3 - \frac{m_3}{M}(p_1 + p_2 + p_3) = \frac{\eta_3}{M} p_3 - \frac{m_3}{M}(p_1 + p_2)$$

$$= \mu_3 \dot{\boldsymbol{r}}_3 - \frac{m_3}{M}(m_1 \dot{\boldsymbol{r}}_1 + m_2 \dot{\boldsymbol{r}}_2)$$

$$= \mu_3 \dot{\boldsymbol{r}}_3 - \frac{m_3 \eta_3}{M} \frac{m_1 \dot{\boldsymbol{r}}_1 + m_2 \dot{\boldsymbol{r}}_2}{\eta_3}$$

$$= \mu_3 \dot{\boldsymbol{r}}_3 - \mu_3 \frac{m_1 \dot{\boldsymbol{r}}_1 + m_2 \dot{\boldsymbol{r}}_2}{\eta_3}$$

$$= \mu_3 \dot{\boldsymbol{r}}_3' \tag{4.218}$$

$$\boldsymbol{P}_1 = \boldsymbol{p}_2 - \boldsymbol{P}_3 \frac{m_2}{M} + m_2 \frac{\boldsymbol{P}_2}{\eta_3}$$

$$= m_2 \dot{\boldsymbol{r}}_2 - \frac{m_2}{M}(m_1 \dot{\boldsymbol{r}}_1 + m_2 \dot{\boldsymbol{r}}_2 + m_3 \dot{\boldsymbol{r}}_3) + \frac{m_2}{\eta_3}\left(\mu_3 \dot{\boldsymbol{r}}_3 - \mu_3 \frac{m_1 \dot{\boldsymbol{r}}_1 + m_2 \dot{\boldsymbol{r}}_2}{\eta_3}\right)$$

$$= \mu_2 \dot{\boldsymbol{r}}_2 - \mu_2 \dot{\boldsymbol{r}}_1$$

$$= \mu_2 \dot{\boldsymbol{r}}_2' \tag{4.219}$$

回到一般 N 体问题的情形

$$\sum_{i=1}^{N} \boldsymbol{p}_i = \boldsymbol{P}_N + \sum_{i=2}^{N} \boldsymbol{P}_{i-1} - m_1 \sum_{j=2}^{N} \frac{\boldsymbol{P}_{j-1}}{\eta_j} - \sum_{i=2}^{N} m_i \sum_{j=i+1}^{N} \frac{\boldsymbol{P}_{j-1}}{\eta_j} \tag{4.220}$$

$$\sum_{i=2}^{N} m_i \sum_{j=i+1}^{N} \frac{\boldsymbol{P}_{j-1}}{\eta_j} = \sum_{j=3}^{N} \sum_{i=2}^{j-1} m_i \frac{\boldsymbol{P}_{j-1}}{\eta_j}$$

$$= \sum_{j=3}^{N} (\eta_j - m_1) \frac{\boldsymbol{P}_{j-1}}{\eta_j}$$

$$= \sum_{j=3}^{N} \boldsymbol{P}_{j-1} - m_1 \sum_{j=3}^{N} \frac{\boldsymbol{P}_{j-1}}{\eta_j} \tag{4.221}$$

$$m_1 \frac{\boldsymbol{P}_{2-1}}{\eta_2} = \boldsymbol{P}_1 \tag{4.222}$$

$$\boldsymbol{P}_N = \sum_{i=1}^{N} \boldsymbol{p}_i \tag{4.223}$$

再考虑式 (4.213) 的 $i = N$

$$\boldsymbol{p}_N = \boldsymbol{P}_{N-1} + \boldsymbol{P}_N \frac{m_N}{M} \tag{4.224}$$

$$\boldsymbol{P}_{N-1} = \boldsymbol{p}_N - \frac{m_N}{M} \sum_{i=1}^{N} m_i \dot{\boldsymbol{r}}_i$$

$$= m_N \dot{\boldsymbol{r}}_N (1 - \frac{m_N}{M}) - \frac{m_N}{M} \sum_{i=1}^{N-1} m_i \dot{\boldsymbol{r}}_i$$

$$= m_N \frac{\eta_N}{M} \dot{\boldsymbol{r}}_N - \frac{\mu_N}{\eta_N} \sum_{i=1}^{N-1} m_i \dot{\boldsymbol{r}}_i$$

$$= \mu_N \dot{\boldsymbol{r}}'_N \tag{4.225}$$

下面我们证明 $\boldsymbol{P}_i = \mu_{i+1} \dot{\boldsymbol{r}}'_{i+1}, i = 1, \cdots, N-1$ 是式 (4.212) 和式 (4.213) 的解

$$\boldsymbol{P}_N \frac{m_1}{M} - m_1 \sum_{j=2}^{N} \frac{\boldsymbol{P}_{j-1}}{\eta_j} = \frac{m_1}{M} \sum_{i=1}^{N} m_i \dot{\boldsymbol{r}}_i - m_1 \sum_{j=2}^{N} \frac{\mu_j \dot{\boldsymbol{r}}'_j}{\eta_j} \tag{4.226}$$

$$\sum_{j=2}^{N} \frac{\mu_j \dot{\boldsymbol{r}}'_j}{\eta_j} = \sum_{j=2}^{N} \frac{\mu_j}{\eta_j} \left(\dot{\boldsymbol{r}}_j - \frac{1}{\eta_j} \sum_{k=1}^{j-1} m_k \dot{\boldsymbol{r}}_k \right) \tag{4.227}$$

$$\sum_{j=2}^{N} \frac{\mu_j}{\eta_j} \frac{1}{\eta_j} \sum_{k=1}^{j-1} m_k \dot{\boldsymbol{r}}_k = \sum_{k=1}^{N-1} \sum_{j=k+1}^{N} \frac{\mu_j}{\eta_j} \frac{1}{\eta_j} m_k \dot{\boldsymbol{r}}_k \tag{4.228}$$

$$\mu_j = \frac{m_j \eta_j}{m_j + \eta_j} = \frac{m_j \eta_j}{\eta_{j+1}} \tag{4.229}$$

$$\begin{aligned}
\frac{\boldsymbol{P}_N}{M} - \sum_{j=2}^{N} \frac{\boldsymbol{P}_{j-1}}{\eta_j} &= \frac{1}{M} \sum_{i=1}^{N} m_i \dot{\boldsymbol{r}}_i - \sum_{j=2}^{N} \frac{\mu_j}{\eta_j} \dot{\boldsymbol{r}}_j + \sum_{k=1}^{N-1} \sum_{j=k+1}^{N} \frac{\mu_j}{\eta_j} \frac{1}{\eta_j} m_k \dot{\boldsymbol{r}}_k \\
&= \sum_{i=1}^{N} \frac{m_i}{M} \dot{\boldsymbol{r}}_i - \sum_{j=2}^{N} \frac{m_j}{\eta_{j+1}} \dot{\boldsymbol{r}}_j + \sum_{k=1}^{N-1} \sum_{j=k+1}^{N} \frac{m_j}{\eta_{j+1}} \frac{1}{\eta_j} m_k \dot{\boldsymbol{r}}_k \\
&= \frac{m_1}{M} \dot{\boldsymbol{r}}_1 + \sum_{j=2}^{N} \frac{m_j}{\eta_{j+1}} \frac{1}{\eta_j} m_1 \dot{\boldsymbol{r}}_1 \\
&\quad + \frac{m_N}{M} \dot{\boldsymbol{r}}_N - \frac{m_N}{\eta_{N+1}} \dot{\boldsymbol{r}}_N \\
&\quad + \sum_{i=2}^{N-1} \left(\frac{1}{M} - \frac{1}{\eta_{i+1}} + \sum_{j=i+1}^{N} \frac{m_j}{\eta_{j+1}} \frac{1}{\eta_j} \right) m_i \dot{\boldsymbol{r}}_i \tag{4.230}
\end{aligned}$$

我们注意到

$$\frac{1}{\eta_i} - \frac{1}{\eta_{i+1}} = \frac{\eta_{i+1} - \eta_i}{\eta_i \eta_{i+1}} = \frac{m_i}{\eta_i \eta_{i+1}} \tag{4.231}$$

所以有

$$\sum_{j=i+1}^{N} \frac{m_j}{\eta_{j+1}} \frac{1}{\eta_j} = \sum_{j=i+1}^{N} \left(\frac{1}{\eta_j} - \frac{1}{\eta_{j+1}} \right)$$

$$= \frac{1}{\eta_{i+1}} - \frac{1}{\eta_{i+2}} + \frac{1}{\eta_{i+2}} - \frac{1}{\eta_{i+3}} + \cdots + \frac{1}{\eta_N} - \frac{1}{\eta_{N+1}}$$

$$= \frac{1}{\eta_{i+1}} - \frac{1}{M} \tag{4.232}$$

根据上述关系我们得到

$$\boldsymbol{P}_N \frac{m_1}{M} - m_1 \sum_{j=2}^{N} \frac{\boldsymbol{P}_{j-1}}{\eta_j} = m_1 \dot{\boldsymbol{r}}_1 \tag{4.233}$$

从而验证了式 (4.212) 成立。

我们再来验证式 (4.213)。

$$\boldsymbol{P}_{i-1} + \boldsymbol{P}_N \frac{m_i}{M} - m_i \sum_{j=i+1}^{N} \frac{\boldsymbol{P}_{j-1}}{\eta_j} = \mu_i \dot{\boldsymbol{r}}'_i + \frac{m_i}{M} \sum_{j=1}^{N} m_j \dot{\boldsymbol{r}}_j - m_i \sum_{j=i+1}^{N} \frac{\mu_j \dot{\boldsymbol{r}}'_j}{\eta_j}$$

$$\tag{4.234}$$

$$\sum_{j=i+1}^{N} \frac{\mu_j \dot{\boldsymbol{r}}'_j}{\eta_j} = \sum_{j=i+1}^{N} \frac{\mu_j}{\eta_j} \left(\dot{\boldsymbol{r}}_j - \frac{1}{\eta_j} \sum_{k=1}^{j-1} m_k \dot{\boldsymbol{r}}_k \right) \tag{4.235}$$

$$\sum_{j=i+1}^{N} \frac{\mu_j}{\eta_j} \frac{1}{\eta_j} \sum_{k=1}^{j-1} m_k \dot{\boldsymbol{r}}_k = \sum_{k=1}^{N-1} \sum_{j=\max(k+1,i+1)}^{N} \frac{m_j}{\eta_{j+1}} \frac{1}{\eta_j} m_k \dot{\boldsymbol{r}}_k$$

$$= \sum_{k=1}^{N-1} \left(\frac{1}{\eta_{\max(k+1,i+1)}} - \frac{1}{M} \right) m_k \dot{\boldsymbol{r}}_k$$

$$= \frac{1}{\eta_{i+1}} \sum_{k=1}^{i} m_k \dot{\boldsymbol{r}}_k + \sum_{k=i+1}^{N-1} \frac{1}{\eta_{k+1}} m_k \dot{\boldsymbol{r}}_k - \frac{1}{M} \sum_{k=1}^{N-1} m_k \dot{\boldsymbol{r}}_k$$

$$= \frac{1}{\eta_{i+1}} \sum_{k=1}^{i-1} m_k \dot{\boldsymbol{r}}_k + \frac{1}{\eta_{i+1}} m_i \dot{\boldsymbol{r}}_i + \sum_{k=i+1}^{N-1} \frac{\mu_k}{\eta_k} \dot{\boldsymbol{r}}_k - \frac{1}{M} \sum_{k=1}^{N-1} m_k \dot{\boldsymbol{r}}_k$$

$$\tag{4.236}$$

$$\boldsymbol{P}_{i-1} + \boldsymbol{P}_N \frac{m_i}{M} - m_i \sum_{j=i+1}^{N} \frac{\boldsymbol{P}_{j-1}}{\eta_j} = \mu_i \left(\dot{\boldsymbol{r}}_i - \frac{1}{\eta_i} \sum_{k=1}^{i-1} m_k \dot{\boldsymbol{r}}_k \right) + \frac{m_i}{M} \sum_{j=1}^{N} m_j \dot{\boldsymbol{r}}_j$$

$$- m_i \sum_{j=i+1}^{N} \frac{\mu_j}{\eta_j} \dot{\boldsymbol{r}}_j + \frac{m_i}{\eta_{i+1}} \sum_{k=1}^{i-1} m_k \dot{\boldsymbol{r}}_k + \frac{m_i}{\eta_{i+1}} m_i \dot{\boldsymbol{r}}_i + m_i \sum_{k=i+1}^{N-1} \frac{\mu_k}{\eta_k} \dot{\boldsymbol{r}}_k - \frac{m_i}{M} \sum_{k=1}^{N-1} m_k \dot{\boldsymbol{r}}_k$$

$$= \mu_i \dot{\boldsymbol{r}}_i + \frac{m_i}{M} m_N \dot{\boldsymbol{r}}_N - m_i \frac{\mu_N}{\eta_N} \dot{\boldsymbol{r}}_N + \frac{m_i}{\eta_{i+1}} m_i \dot{\boldsymbol{r}}_i$$

$$= (\mu_i + \frac{\mu_i}{\eta_i} m_i) \dot{\boldsymbol{r}}_i \tag{4.237}$$

$$\mu_i + \frac{\mu_i}{\eta_i} m_i = \mu_i \left(1 + \frac{m_i}{\eta_i} \right) \tag{4.238}$$

$$\mu_i = \frac{m_i \eta_i}{\eta_{i+1}} \tag{4.239}$$

$$1 + \frac{m_i}{\eta_i} = \frac{\eta_{i+1}}{\eta_i} \tag{4.240}$$

可见式 (4.213) 也成立。到此我们用正则变换的办法得到了和前述猜测的共轭动量一致的结果 (4.195)。

我们在上述讨论中使用了 $\Psi(q, P)$ 形式的生成函数。式 (4.204) 处我们介绍了四种形式的生成函数，我们问，有无可能再用别的形式的生成函数来寻找雅可比坐标对应的广义动量。如果我们已知关系 $Q = Q(q)$，对应式 (4.163) 和式 (4.176)，则 q 一定是生成函数的自变量，Q 一定不是生成函数的自变量，这样就确定出我们只可能使用 $\Psi(q, P)$ 形式的生成函数。根据这个原则，我们可以把已知关系改成 $q = q(Q)$，对应式 (4.178) 和式 (4.180)，则 Q 一定是生成函数的自变量，q 一定不是生成函数的自变量，于是我们可能使用 $\Psi(p, Q)$ 形式的生成函数。对于此种形式的生成函数，因为关系 $q_i = \dfrac{\partial \Psi}{\partial p_i}$，我们可以写出生成函数形式

$$\Psi(p, Q) = \sum_{i=1}^{N} q_i(Q) p_i \tag{4.241}$$

为了计算雅可比坐标对应的广义动量，我们使用关系

$$P_i = \frac{\partial \Psi}{\partial Q_i}$$

$$= \sum_{j=1}^{N} \frac{\partial q_j}{\partial Q_i} p_j \tag{4.242}$$

根据式 (4.178) 和式 (4.180) 我们可以计算得到

$$\frac{\partial \boldsymbol{r}_j}{\partial \boldsymbol{r}_c} = 1 \tag{4.243}$$

$$\frac{\partial \boldsymbol{r}_1}{\partial \boldsymbol{r}_i'} = -\frac{m_i}{\eta_{i+1}}, \quad i = 2, \cdots, N, \quad \eta_{N+1} \equiv M \tag{4.244}$$

$$\frac{\partial \boldsymbol{r}_j}{\partial \boldsymbol{r}_i'} = -\frac{m_i}{\eta_{i+1}}, \quad j = 2, \cdots, i-1, \quad i = 2, \cdots, N \tag{4.245}$$

$$\frac{\partial \boldsymbol{r}_i}{\partial \boldsymbol{r}_i'} = \frac{\eta_i}{\eta_{i+1}}, \quad i = 2, \cdots, N \tag{4.246}$$

$$\frac{\partial \boldsymbol{r}_j}{\partial \boldsymbol{r}_i'} = 0, \quad j = i+1, \cdots, N, i = 2, \cdots, N \tag{4.247}$$

所以我们得到

$$\begin{aligned}
P_c &= \sum_{j=1}^{N} \frac{\partial \boldsymbol{r}_j}{\partial \boldsymbol{r}_c} p_j \\
&= \sum_{j=1}^{N} p_j
\end{aligned} \tag{4.248}$$

为总动量,

$$\begin{aligned}
P_i &= \sum_{j=1}^{N} \frac{\partial \boldsymbol{r}_j}{\partial \boldsymbol{r}_i'} p_j \\
&= -\frac{m_i}{\eta_{i+1}} p_1 - \sum_{j=2}^{i-1} \frac{m_i}{\eta_{i+1}} p_j + \frac{\eta_i}{\eta_{i+1}} p_i \\
&= -\sum_{j=1}^{i-1} \frac{m_i}{\eta_{i+1}} p_j + \frac{\eta_i}{\eta_{i+1}} p_i \\
&= -\sum_{j=1}^{i-1} \frac{m_i}{\eta_{i+1}} m_j \dot{\boldsymbol{r}}_j + \frac{\eta_i}{\eta_{i+1}} m_i \dot{\boldsymbol{r}}_i \\
&= \frac{m_i \eta_i}{\eta_{i+1}} \left(\dot{\boldsymbol{r}}_i - \sum_{j=1}^{i-1} \frac{m_j}{\eta_i} \dot{\boldsymbol{r}}_j \right) \\
&= \frac{m_i \eta_i}{\eta_{i+1}} \left(\dot{\boldsymbol{r}}_i - \dot{\boldsymbol{r}}_{ic} \right)
\end{aligned}$$

$$= \mu_i \dot{\boldsymbol{r}}_i' \tag{4.249}$$

由此我们也得到了和前述猜测的共轭动量一致的结果式 (4.195)。

前面我们已经讲过了作用量–角变量。这组正则坐标具有很特别的性质。实际上我们还有一组神奇的正则坐标，叫做哈密顿–雅可比变量。使用哈密顿–雅可比变量，哈密顿量变成 0。根据正则方程，这一组正则坐标，包括广义坐标和广义动量全是守恒量。作用量–角变量正则坐标只有当哈密顿系统是可积系统时才存在。如此神奇的哈密顿–雅可比变量是不是只有在非常非常特殊的情况下才存在呢？答案出乎意外，其总是存在，只不过寻找哈密顿–雅可比变量跟寻找原哈密顿正则方程的解是等价的。原因如下。

假设旧正则坐标为 (q, p)，哈密顿量为 $H(q, p, t)$，则有正则方程

$$\dot{q} = \frac{\partial H}{\partial p} \tag{4.250}$$

$$\dot{p} = -\frac{\partial H}{\partial q} \tag{4.251}$$

假设函数 $\Psi(q, P, t)$ 满足偏微分方程

$$\frac{\partial \Psi}{\partial t} + H\left(q, \frac{\partial \Psi}{\partial q}, t\right) = 0 \tag{4.252}$$

我们可以把 $\Psi(q, P, t)$ 当作生成函数来构造正则坐标变换 (4.204)。在新的正则坐标 (Q, P) 下，哈密顿量变为

$$K(Q, P, t) = H(q(Q, P, t), p(Q, P, t), t) + \frac{\partial \Psi}{\partial t} \tag{4.253}$$

这里我们把式 (4.206) 的不含时正则坐标变换推广到了含时正则坐标变换。注意到正则坐标变换 (4.204) 中 $p = \dfrac{\partial \Psi}{\partial q}$，$\Psi(q, P, t)$ 满足的偏微分方程 (4.252) 等价于新的哈密顿量 $K = 0$。所以新的正则坐标 (Q, P) 正是我们关心的哈密顿–雅可比变量。

不过问题是偏微分方程 (4.252) 有解吗？这个偏微分方程就是有名的哈密顿–雅可比方程，其解被称为哈密顿主函数。根据偏微分方程理论，局部解总是存在的，整体解要求很高，就会跟原哈密顿系统的可积性发生联系了。这里不做深入介绍。

第 5 章 三 体 问 题

5.1 三体问题的运动方程

5.1.1 几个常用坐标系回顾

把第 4 章关于 N 体问题讨论的结果具体到 $N = 3$ 我们可以得到下面的这些运动方程。

使用**质心惯性系**，我们有运动方程

$$m_i \ddot{\boldsymbol{r}}_i = \frac{\partial U}{\partial \boldsymbol{r}_i}, i = 0, 1, 2 \tag{5.1}$$

$$U = G\left(\frac{m_0 m_1}{r_{01}} + \frac{m_0 m_2}{r_{02}} + \frac{m_1 m_2}{r_{12}}\right) \tag{5.2}$$

上式中我们让指标从 0 取到 2，这是考虑到后面我们要考察的雅可比坐标系，其指标从第二个天体开始。

使用**相对运动非惯性坐标系**，我们选择 P_0 天体所在位置作为非惯性系的原点，得到一个相对运动非惯性坐标系。令 $k = 0, i = 1, j = 2$ 代入式 (4.155) 我们有

$$\ddot{\boldsymbol{r}}_{01} = -\frac{G(m_1 + m_0)}{r_{01}^3} \boldsymbol{r}_{01} + \frac{\partial}{\partial \boldsymbol{r}_{01}} G m_2 \left(\frac{1}{r_{12}} - \frac{\boldsymbol{r}_{01} \cdot \boldsymbol{r}_{02}}{r_{02}^3}\right) \tag{5.3}$$

$$-\ddot{\boldsymbol{r}}_{10} = \frac{G(m_1 + m_0)}{r_{10}^3} \boldsymbol{r}_{10} - \frac{\partial}{\partial \boldsymbol{r}_{10}} G m_2 \left(\frac{1}{r_{12}} - \frac{\boldsymbol{r}_{10} \cdot \boldsymbol{r}_{20}}{r_{20}^3}\right) \tag{5.4}$$

所以我们有

$$\ddot{\boldsymbol{r}}_{10} = -\frac{G(m_1 + m_0)}{r_{10}^3} \boldsymbol{r}_{10} + \frac{\partial R_{10}}{\partial \boldsymbol{r}_{10}}, \quad R_{10} \equiv G m_2 \left(\frac{1}{r_{12}} - \frac{\boldsymbol{r}_{10} \cdot \boldsymbol{r}_{20}}{r_{20}^3}\right) \tag{5.5}$$

$$\ddot{\boldsymbol{r}}_{20} = -\frac{G(m_2 + m_0)}{r_{20}^3} \boldsymbol{r}_{20} + \frac{\partial R_{20}}{\partial \boldsymbol{r}_{20}}, \quad R_{20} \equiv G m_1 \left(\frac{1}{r_{12}} - \frac{\boldsymbol{r}_{10} \cdot \boldsymbol{r}_{20}}{r_{10}^3}\right) \tag{5.6}$$

使用**雅可比坐标系**，我们有运动方程

$$\mu_1 \ddot{\boldsymbol{r}}_1 = \frac{\partial U}{\partial \boldsymbol{r}_1}, \quad \mu_1 \equiv \frac{m_0 m_1}{m_0 + m_1} \tag{5.7}$$

$$\mu_2 \ddot{\boldsymbol{r}}_2 = \frac{\partial U}{\partial \boldsymbol{r}_2}, \quad \mu_2 \equiv \frac{m_2(m_0 + m_1)}{m_0 + m_1 + m_2} \tag{5.8}$$

以上三组坐标系下的运动方程虽然有的稍微简单一些,比如雅可比坐标系,但对于三体问题,目前人们还无法完全求解。下面介绍一些特解的求解方法。

5.1.2 旋转非惯性坐标系

相对于某惯性坐标系 $O\text{-}\xi\eta\zeta$,我们假设有一个绕 $O\text{-}\zeta$ 轴以角速度 n 转动的非惯性坐标系 $O\text{-}xyz$。任意位置矢量 $\boldsymbol{s}$,假设其 $O\text{-}\xi\eta\zeta$ 坐标系下的分量为 (ξ, η, ζ),其 $O\text{-}xyz$ 坐标系下的分量为 (x, y, z),则我们有关系

$$\begin{pmatrix} \xi \\ \eta \\ \zeta \end{pmatrix} = R_z(-nt) \begin{pmatrix} x \\ y \\ z \end{pmatrix} = \begin{pmatrix} \cos nt & -\sin nt & 0 \\ \sin nt & \cos nt & 0 \\ 0 & 0 & 1 \end{pmatrix} \begin{pmatrix} x \\ y \\ z \end{pmatrix} \tag{5.9}$$

由此,对于速度 $\dot{\boldsymbol{s}}$ 和加速度 $\ddot{\boldsymbol{s}}$ 矢量我们有关系

$$\begin{pmatrix} \dot{\xi} \\ \dot{\eta} \\ \dot{\zeta} \end{pmatrix} = R_z(-nt) \begin{pmatrix} \dot{x} \\ \dot{y} \\ \dot{z} \end{pmatrix} + \dot{R}_z(-nt) \begin{pmatrix} x \\ y \\ z \end{pmatrix} \tag{5.10}$$

$$\begin{pmatrix} \ddot{\xi} \\ \ddot{\eta} \\ \ddot{\zeta} \end{pmatrix} = R_z(-nt) \begin{pmatrix} \ddot{x} \\ \ddot{y} \\ \ddot{z} \end{pmatrix} + 2\dot{R}_z(-nt) \begin{pmatrix} \dot{x} \\ \dot{y} \\ \dot{z} \end{pmatrix} + \ddot{R}_z(-nt) \begin{pmatrix} x \\ y \\ z \end{pmatrix} \tag{5.11}$$

作业

分别用 x, y, z 及其时间导数和 ξ, η, ζ 及其时间导数表出旋转坐标系和惯性坐标系下的速度 $\dot{\boldsymbol{s}}$ 和加速度 $\ddot{\boldsymbol{s}}$ 矢量的分量。

根据公式 (5.9),我们可以得到偏导数的相互关系

$$\begin{pmatrix} \dfrac{\partial U}{\partial \xi} \\[2ex] \dfrac{\partial U}{\partial \eta} \\[2ex] \dfrac{\partial U}{\partial \zeta} \end{pmatrix} = \begin{pmatrix} \dfrac{\partial U}{\partial x}\dfrac{\partial x}{\partial \xi} + \dfrac{\partial U}{\partial y}\dfrac{\partial y}{\partial \xi} + \dfrac{\partial U}{\partial z}\dfrac{\partial z}{\partial \xi} \\[2ex] \dfrac{\partial U}{\partial x}\dfrac{\partial x}{\partial \eta} + \dfrac{\partial U}{\partial y}\dfrac{\partial y}{\partial \eta} + \dfrac{\partial U}{\partial z}\dfrac{\partial z}{\partial \eta} \\[2ex] \dfrac{\partial U}{\partial x}\dfrac{\partial x}{\partial \zeta} + \dfrac{\partial U}{\partial y}\dfrac{\partial y}{\partial \zeta} + \dfrac{\partial U}{\partial z}\dfrac{\partial z}{\partial \zeta} \end{pmatrix}$$

$$
= \begin{pmatrix} \dfrac{\partial x}{\partial \xi} & \dfrac{\partial y}{\partial \xi} & \dfrac{\partial z}{\partial \xi} \\[2mm] \dfrac{\partial x}{\partial \eta} & \dfrac{\partial y}{\partial \eta} & \dfrac{\partial z}{\partial \eta} \\[2mm] \dfrac{\partial x}{\partial \zeta} & \dfrac{\partial y}{\partial \zeta} & \dfrac{\partial z}{\partial \zeta} \end{pmatrix} \begin{pmatrix} \dfrac{\partial U}{\partial x} \\[2mm] \dfrac{\partial U}{\partial y} \\[2mm] \dfrac{\partial U}{\partial z} \end{pmatrix} \tag{5.12}
$$

$$
\begin{pmatrix} x \\ y \\ z \end{pmatrix} = R_z(nt) \begin{pmatrix} \xi \\ \eta \\ \zeta \end{pmatrix} \tag{5.13}
$$

$$
\begin{pmatrix} \dfrac{\partial U}{\partial \xi} \\[2mm] \dfrac{\partial U}{\partial \eta} \\[2mm] \dfrac{\partial U}{\partial \zeta} \end{pmatrix} = R_z^{\mathrm{T}}(nt) \begin{pmatrix} \dfrac{\partial U}{\partial x} \\[2mm] \dfrac{\partial U}{\partial y} \\[2mm] \dfrac{\partial U}{\partial z} \end{pmatrix}
$$

$$
= R_z(-nt) \begin{pmatrix} \dfrac{\partial U}{\partial x} \\[2mm] \dfrac{\partial U}{\partial y} \\[2mm] \dfrac{\partial U}{\partial z} \end{pmatrix} \tag{5.14}
$$

课堂练习

直接计算验证关系 (5.14)。

结合关系式 (5.1)、式 (5.11) 和式 (5.14)，我们有

$$
R_z(-nt) \begin{pmatrix} \ddot{x}_i \\ \ddot{y}_i \\ \ddot{z}_i \end{pmatrix} + 2\dot{R}_z(-nt) \begin{pmatrix} \dot{x}_i \\ \dot{y}_i \\ \dot{z}_i \end{pmatrix} + \ddot{R}_z(-nt) \begin{pmatrix} x_i \\ y_i \\ z_i \end{pmatrix} = R_z(-nt) \frac{1}{m_i} \begin{pmatrix} \dfrac{\partial U}{\partial x_i} \\[2mm] \dfrac{\partial U}{\partial y_i} \\[2mm] \dfrac{\partial U}{\partial z_i} \end{pmatrix}
$$

$$
i = 0, 1, 2 \tag{5.15}
$$

课堂练习

计算验证下述关系

$$\dot{R}_z(-nt) = n \begin{pmatrix} -\sin nt & -\cos nt & 0 \\ \cos nt & -\sin nt & 0 \\ 0 & 0 & 0 \end{pmatrix} = nR_z(-nt) \begin{pmatrix} 0 & -1 & 0 \\ 1 & 0 & 0 \\ 0 & 0 & 0 \end{pmatrix} \tag{5.16}$$

$$\ddot{R}_z(-nt) = -n^2 \begin{pmatrix} \cos nt & -\sin nt & 0 \\ \sin nt & \cos nt & 0 \\ 0 & 0 & 0 \end{pmatrix} = -n^2 R_z(-nt) \begin{pmatrix} 1 & 0 & 0 \\ 0 & 1 & 0 \\ 0 & 0 & 0 \end{pmatrix} \tag{5.17}$$

把关系式 (5.16) 和式 (5.17) 代入方程 (5.15)，并且方程两边左乘 $R_z(-nt)$ 的逆矩阵，我们得到

$$\begin{pmatrix} \ddot{x}_i \\ \ddot{y}_i \\ \ddot{z}_i \end{pmatrix} + 2n \begin{pmatrix} 0 & -1 & 0 \\ 1 & 0 & 0 \\ 0 & 0 & 0 \end{pmatrix} \begin{pmatrix} \dot{x}_i \\ \dot{y}_i \\ \dot{z}_i \end{pmatrix} - n^2 \begin{pmatrix} 1 & 0 & 0 \\ 0 & 1 & 0 \\ 0 & 0 & 0 \end{pmatrix} \begin{pmatrix} x_i \\ y_i \\ z_i \end{pmatrix} = \frac{1}{m_i} \begin{pmatrix} \dfrac{\partial U}{\partial x_i} \\ \dfrac{\partial U}{\partial y_i} \\ \dfrac{\partial U}{\partial z_i} \end{pmatrix}$$

$$i = 0, 1, 2 \tag{5.18}$$

接下来我们考虑三个天体相对于旋转非惯性系静止不动的特解，即 $\ddot{x}_i = \ddot{y}_i = \ddot{z}_i = \dot{x}_i = \dot{y}_i = \dot{z}_i = 0$。由此式 (5.18) 变成

$$\frac{\partial U}{\partial x_i} = -n^2 m_i x_i \tag{5.19}$$

$$\frac{\partial U}{\partial y_i} = -n^2 m_i y_i \tag{5.20}$$

$$\frac{\partial U}{\partial z_i} = 0, \quad i = 0, 1, 2 \tag{5.21}$$

注意到关系

$$r_{ij}^2 = (\xi_j - \xi_i)^2 + (\eta_j - \eta_i)^2 + (\zeta_j - \zeta_i)^2 = (x_j - x_i)^2 + (y_j - y_i)^2 + (z_j - z_i)^2 \tag{5.22}$$

课堂练习

计算验证关系 (5.22)。数学上，这实际上是正交变换的推论。

把关系式 (5.22) 代入式 (5.2)，我们可以很容易求出 $\dfrac{\partial U}{\partial x_i}$，$\dfrac{\partial U}{\partial y_i}$ 和 $\dfrac{\partial U}{\partial z_i}$。于是，我们关心的特解动力学方程 (5.19)~ 方程 (5.21) 变成

$$-G\sum_{\substack{j=0 \\ j\neq i}}^{2} m_j \frac{x_i - x_j}{r_{ji}^3} = -n^2 x_i \tag{5.23}$$

$$-G\sum_{\substack{j=0 \\ j\neq i}}^{2} m_j \frac{y_i - y_j}{r_{ji}^3} = -n^2 y_i \tag{5.24}$$

$$-G\sum_{\substack{j=0 \\ j\neq i}}^{2} m_j \frac{z_i - z_j}{r_{ji}^3} = 0, \quad i = 0, 1, 2 \tag{5.25}$$

根据旋转坐标系和惯性坐标系的关系 (5.9)，我们有 $z_i = \zeta_i$。显然，$z_i = \zeta_i = 0$ 可以满足方程 (5.25)。根据我们第 4 章讲到的结果，对于初始时刻三个天体的位置和速度处于同一平面，我们选取惯性坐标系使得 $x\text{-}y$ 平面就是这一平面即可满足上述要求。

下面我们来讨论方程 (5.23) 和方程 (5.24) 的特解。我们可以分两种情况讨论，第一种情况是假设三个天体的位置处在同一条直线上，即

$$\frac{y_2 - y_0}{y_1 - y_0} = \frac{x_2 - x_0}{x_1 - x_0} \tag{5.26}$$

作业

1. 根据关系 (5.26) 论证下述关系。

$$\frac{y_2 - y_1}{y_0 - y_1} = \frac{x_2 - x_1}{x_0 - x_1} \tag{5.27}$$

2. 根据关系 (5.26) 和 (5.27) 论证下述关系。

$$\frac{\eta_2 - \eta_0}{\eta_1 - \eta_0} = \frac{\xi_2 - \xi_0}{\xi_1 - \xi_0} \tag{5.28}$$

$$\frac{\eta_2 - \eta_1}{\eta_0 - \eta_1} = \frac{\xi_2 - \xi_1}{\xi_0 - \xi_1} \tag{5.29}$$

即在惯性坐标系中三个天体的位置也处在同一条直线上。

实际上式 (5.26) 和式 (5.27) 分别意味着 $r_{02} = kr_{01}$ 和 $r_{12} = \rho r_{01}$。进一步地我们有 $r_{02} = |k|r_{01}, r_{12} = |\rho|r_{01}$。由于在惯性坐标系中三个天体的位置也始终处在同一条直线上，我们可以进一步选择特殊的惯性坐标系使得三个天体在 $t = 0$ 时刻都处在 x 轴上，也即它们处在旋转非惯性坐标系的 x 轴上。由于相对于旋转非惯性坐标系天体位置不动，所以他们会一直处在旋转非惯性坐标系的 x 轴上，这样我们就有 $y_i = 0$。所以方程 (5.24) 自动满足，我们只需要关心方程 (5.23)。

为了避免上面绝对值符号带来分析的复杂性，不失一般性，我们可以对三个天体重新编号使得 $x_0 < x_1 < x_2$。这样我们有 $r_{ij} = (x_j - x_i)\hat{e}_x$，所以 $x_2 - x_0 = k(x_1 - x_0), x_2 - x_1 = \rho(x_1 - x_0)$ 并且 $k > 0, \rho > 0$。方程 (5.23) 也变为

$$
\begin{aligned}
x_0 &= \frac{G}{n^2}\left(m_1\frac{x_0 - x_1}{r_{10}^3} + m_2\frac{x_0 - x_2}{r_{20}^3}\right) \\
&= \frac{G}{n^2}\left(m_1\frac{x_0 - x_1}{r_{10}^3} + m_2\frac{k(x_0 - x_1)}{k^3 r_{10}^3}\right) \\
&= \frac{G}{n^2}\left(m_1 + \frac{m_2}{k^2}\right)\frac{x_0 - x_1}{r_{10}^3}
\end{aligned}
\tag{5.30}
$$

$$
x_1 = \frac{G}{n^2}\left(m_0 - \frac{m_2}{\rho^2}\right)\frac{x_1 - x_0}{r_{01}^3}
\tag{5.31}
$$

$$
\begin{aligned}
x_2 &= \frac{G}{n^2}\left(m_0\frac{x_1 - x_0}{k^2 r_{01}^3} + m_1\frac{x_1 - x_0}{\rho^2 r_{10}^3}\right) \\
&= \frac{G}{n^2}\left(\frac{m_0}{k^2} + \frac{m_1}{\rho^2}\right)\frac{x_1 - x_0}{r_{01}^3}
\end{aligned}
\tag{5.32}
$$

为了便于分析，我们引入记号 $a \equiv x_1 - x_0$。基于这个记号我们有

$$
x_1 - x_0 = a
\tag{5.33}
$$

$$
x_2 - x_1 = \rho(x_1 - x_0) = \rho a
\tag{5.34}
$$

$$
x_2 - x_0 = x_2 - x_1 + x_1 - x_0 = (1 + \rho)a
\tag{5.35}
$$

$$
x_2 - x_0 = k(x_1 - x_0) = ka, \quad k = 1 + \rho
\tag{5.36}
$$

把上述关系代入方程 (5.30)~方程 (5.32)，我们得到

$$
x_0 = -\frac{G}{n^2 a^2}\left(m_1 + \frac{m_2}{(1 + \rho)^2}\right)
\tag{5.37}
$$

$$
x_1 = \frac{G}{n^2 a^2}\left(m_0 - \frac{m_2}{\rho^2}\right)
\tag{5.38}
$$

$$x_2 = \frac{G}{n^2 a^2} \left(\frac{m_0}{(1+\rho)^2} + \frac{m_1}{\rho^2} \right) \tag{5.39}$$

方程 (5.37) 除以方程 (5.39) 我们得到

$$\frac{x_0}{x_2} = -\frac{m_1 \rho^2 (1+\rho)^2 + m_2 \rho^2}{m_1 (1+\rho)^2 + m_0 \rho^2} \tag{5.40}$$

我们知道质心一定做惯性运动, 而旋转坐标系中的点只有坐标原点做惯性运动, 所以相对于旋转坐标系不动的特解的质心一定在坐标原点, 故我们有

$$m_0 x_0 + m_1 x_1 + m_2 x_2 = 0 \tag{5.41}$$

根据关系 (5.33)∼(5.36), 我们有

$$x_1 = a + x_0 \tag{5.42}$$

$$x_2 = ka + x_0 = (1+\rho)a + x_0 \tag{5.43}$$

把上述关系代入式 (5.41) 我们得到

$$m_0 x_0 + m_1 (a + x_0) + m_2 [(1+\rho)a + x_0] = 0 \tag{5.44}$$

$$x_0 = -\frac{m_1 a + m_2 a(1+\rho)}{m_0 + m_1 + m_2} = -\frac{a}{m_0 + m_1 + m_2} [m_1 + m_2(1+\rho)] \tag{5.45}$$

类似地, 我们用 x_2 来表达 x_0 和 x_1 得到

$$x_0 = x_2 - (1+\rho)a \tag{5.46}$$

$$x_1 = x_2 - a\rho \tag{5.47}$$

$$m_0 [x_2 - (1+\rho)a] + m_1 (x_2 - a\rho) + m_2 x_2 = 0 \tag{5.48}$$

$$x_2 = \frac{m_0 a(1+\rho) + m_1 a\rho}{m_0 + m_1 + m_2} = \frac{a}{m_0 + m_1 + m_2} [m_0(1+\rho) + m_1 \rho] \tag{5.49}$$

方程 (5.45) 除以方程 (5.49) 我们得到

$$\frac{x_0}{x_2} = -\frac{m_1 + m_2(1+\rho)}{m_0(1+\rho) + m_1 \rho} \tag{5.50}$$

联立方程 (5.40) 和方程 (5.50), 我们得到

$$\frac{m_1 \rho^2 (1+\rho)^2 + m_2 \rho^2}{m_1 (1+\rho)^2 + m_0 \rho^2} = \frac{m_1 + m_2(1+\rho)}{m_0(1+\rho) + m_1 \rho} \tag{5.51}$$

$$m_1(m_0 + m_1)\rho^5 + m_1(3m_0 + 2m_1)\rho^4 + m_1(3m_0 + m_1)\rho^3$$
$$- m_1(m_1 + 3m_2)\rho^2 - m_1(2m_1 + 3m_2)\rho$$
$$- m_1(m_1 + m_2) = 0 \tag{5.52}$$

$$(m_0 + m_1)\rho^5 + (3m_0 + 2m_1)\rho^4 + (3m_0 + m_1)\rho^3$$
$$- (m_1 + 3m_2)\rho^2 - (2m_1 + 3m_2)\rho - (m_1 + m_2) = 0 \tag{5.53}$$

通过求解上述的代数方程，我们可以得到 ρ。接下来我们联立方程 (5.37) 和方程 (5.45) 得到

$$- \frac{a}{m_0 + m_1 + m_2}[m_1 + m_2(1 + \rho)] = - \frac{G}{n^2 a^2}\left[m_1 + \frac{m_2}{(1 + \rho)^2}\right] \tag{5.54}$$

$$a^3 = \frac{G}{n^2}\frac{[m_1(1 + \rho)^2 + m_2](m_0 + m_1 + m_2)}{[m_1 + m_2(1 + \rho)](1 + \rho)^2} \tag{5.55}$$

再注意到 $a > 0$，我们可以解出 a。我们就得到三体问题的一个特解，它们排在一条直线上，彼此间距为 a 和 ρa，绕质心以周期 $T = \frac{2\pi}{n}$ 旋转。特别地，当 $m_0 = m_1 = m_2$ 时，即对于质量相等的三个天体，我们有

$$\rho = 1 \tag{5.56}$$

$$a = \left(\frac{5Gm}{4n^2}\right)^{1/3}, \quad m = m_0 = m_1 = m_2 \tag{5.57}$$

下面我们再来讨论方程 (5.23) 和方程 (5.24) 第二种情况下的特解。相对于第一种情况的三个天体处于一条直线上，现在的情况是三个天体不共线。当 $i = 0$ 时，结合质心在原点的关系 (5.41)，方程 (5.23) 和方程 (5.24) 给出

$$\left(G\frac{m_1}{r_{10}^3} + G\frac{m_0 + m_2}{r_{20}^3} - n^2\right)\begin{pmatrix} x_0 \\ y_0 \end{pmatrix} + Gm_1\left(\frac{1}{r_{20}^3} - \frac{1}{r_{10}^3}\right)\begin{pmatrix} x_1 \\ y_1 \end{pmatrix} = 0 \tag{5.58}$$

对于不共线的三体的质心一定不会在任何两体的连线上，所以位置矢量 $r_i, i = 0, 1, 2$ 是线性独立的。更具体地，矢量 (x_0, y_0) 和 (x_1, y_1) 是线性独立的。上式是把两个线性独立的矢量线性组合为 0，这表明线性组合的系数必须为 0，所以

$$G\frac{m_1}{r_{10}^3} + G\frac{m_0 + m_2}{r_{20}^3} - n^2 = Gm_1\left(\frac{1}{r_{20}^3} - \frac{1}{r_{10}^3}\right) = 0 \tag{5.59}$$

$$r_{10} = r_{20} = \left[\frac{G(m_0 + m_1 + m_2)}{n^2}\right]^{1/3} \tag{5.60}$$

再结合当 $i = 1$ 时的方程 (5.23) 和方程 (5.24) 我们就可以得到

$$r_{10} = r_{20} = r_{12} = \left[\frac{G(m_0 + m_1 + m_2)}{n^2}\right]^{1/3} \tag{5.61}$$

由此我们得到三体问题的第二个特解，三个天体摆成边长为 a 的正三角形，并且绕它们的质心以角速度 $n = \sqrt{\dfrac{G(m_0 + m_1 + m_2)}{a^3}}$ 旋转。

5.1.3　推广匀速旋转正三角形特解到任意旋转的正三角形特解

受上述正三角形特解的启发，我们可以来推广正三角形特解。我们假定任意时刻，三个天体两两间距都相等，组成正三角形，即 $r_{10} = r_{20} = r_{12} = a$。基于此条件我们来考察运动方程

$$\begin{aligned}
\ddot{\boldsymbol{r}}_0 &= G\left(\frac{m_1(\boldsymbol{r}_1 - \boldsymbol{r}_0)}{a^3} + \frac{m_2(\boldsymbol{r}_2 - \boldsymbol{r}_0)}{a^3}\right) \\
&= \frac{G}{a^3}(m_1\boldsymbol{r}_1 - m_1\boldsymbol{r}_0 + m_2\boldsymbol{r}_2 - m_2\boldsymbol{r}_0)
\end{aligned} \tag{5.62}$$

$$m_0\boldsymbol{r}_0 + m_1\boldsymbol{r}_1 + m_2\boldsymbol{r}_2 = 0 \tag{5.63}$$

$$\begin{aligned}
\ddot{\boldsymbol{r}}_0 &= \frac{G}{a^3}(-m_0\boldsymbol{r}_0 - m_1\boldsymbol{r}_0 - m_2\boldsymbol{r}_0) \\
&= -\frac{G}{a^3}(m_0 + m_1 + m_2)\boldsymbol{r}_0
\end{aligned} \tag{5.64}$$

因为 P_0、P_1 和 P_2 排成正三角形，为了下面部分的计算方便，我们可以临时选择一个计算用坐标系，把 P_0、P_1 和 P_2 分别放在 $(0,0,0)$, $(a,0,0)$ 和 $\left(\dfrac{a}{2}, \dfrac{\sqrt{3}a}{2}, 0\right)$。

所以质心位置为 $\left(\dfrac{m_1a + \dfrac{m_2a}{2}}{m_0 + m_1 + m_2}, \dfrac{\sqrt{3}m_2a}{2(m_0 + m_1 + m_2)}, 0\right)$。故

$$\begin{aligned}
r_0 &= \sqrt{\left(\frac{m_1a + \dfrac{m_2a}{2}}{m_0 + m_1 + m_2}\right)^2 + \left(\frac{\sqrt{3}m_2a}{2(m_0 + m_1 + m_2)}\right)^2} \\
&= \frac{M_0}{M}a
\end{aligned} \tag{5.65}$$

$$M \equiv m_0 + m_1 + m_2 \tag{5.66}$$

$$M_0 \equiv \sqrt{m_1^2 + m_1 m_2 + m_2^2} \tag{5.67}$$

$$r_1 = \frac{M_1}{M} a, M_1 \equiv \sqrt{m_0^2 + m_0 m_2 + m_2^2} \tag{5.68}$$

$$r_2 = \frac{M_2}{M} a, M_2 \equiv \sqrt{m_0^2 + m_0 m_1 + m_1^2} \tag{5.69}$$

根据上述关系, 我们可以把形如式 (5.64) 的动力学方程写为

$$\ddot{\boldsymbol{r}}_i = -\frac{GM_i^3}{M^2} \frac{\boldsymbol{r}_i}{r_i^3}, \quad i = 0, 1, 2 \tag{5.70}$$

这是三个相互独立的形如二体问题中有效单体问题运动方程 $\ddot{\boldsymbol{r}} = -\mu \dfrac{\boldsymbol{r}}{r^3}$ 的方程。根据二体有效单体问题解的特点我们可知上述方程可以有任意二次曲线形式的解, 但有一个约束条件是任意时刻三体位置呈正三角形。

5.1.4　推广正三角形特解到中心构型特解

上面我们是从惯性坐标系的视角来理解的正三角形特解。下面我们从非匀速旋转坐标系的视角来分析这个正三角形特解。在任意时刻三个天体都排成正三角形, 所以通过旋转质心惯性坐标系可以让三个天体组成的正三角形方位不变, 只是三角形的大小随时间变化。所以在旋转坐标系看来, 三个天体位置矢量的方向保持不变, 只是长度在变化, 即

$$\overrightarrow{OP}_i(t) = \varPhi(t)\overrightarrow{OP}_i(0) \equiv \varPhi(t)\boldsymbol{a}_i \tag{5.71}$$

这里我们把初始 0 时刻的天体的位置矢量记作 $\boldsymbol{a}_i$。质心 O 对应坐标原点, 也对应旋转中心。上述任意时刻的那个质心惯性系与初始时刻的质心惯性系会相差一个绕 z 轴的转动, 转动角度是时间的某个函数 $\varPsi(t)$。所以, 使用初始时刻的质心惯性坐标系, 三个天体的位置矢量可以表达为

$$\boldsymbol{r}_i(t) = \varPhi(t) R_z(\varPsi(t)) \boldsymbol{a}_i \tag{5.72}$$

为了便于推广, 我们引入一个矢量记号和乘法记号来重新表述上面的关系

$$\boldsymbol{\varPhi}(t) \equiv \begin{pmatrix} \varPhi(t)\cos\varPsi(t) \\ \varPhi(t)\sin\varPsi(t) \\ 0 \end{pmatrix} \tag{5.73}$$

$$\begin{pmatrix} x_1 \\ y_1 \\ z_1 \end{pmatrix} * \begin{pmatrix} x_2 \\ y_2 \\ z_2 \end{pmatrix} \equiv \begin{pmatrix} x_1 x_2 + y_1 y_2 \\ x_1 y_2 - y_1 x_2 \\ z_1 z_2 \end{pmatrix} \tag{5.74}$$

根据我们的定义可以直接验证

$$\boldsymbol{r}_i(t) = \boldsymbol{\Phi}(t) * \boldsymbol{a}_i \equiv \Phi(t) R_z(\Psi(t)) \boldsymbol{a}_i \tag{5.75}$$

$$\ddot{\boldsymbol{r}}_i(t) = \ddot{\boldsymbol{\Phi}}(t) * \boldsymbol{a}_i \tag{5.76}$$

即我们把位置矢量 $\boldsymbol{r}_i(t)$ 对时间和天体的依赖分解为两个矢量的特殊乘积，依赖天体的部分 $\boldsymbol{a}_i$ 不依赖于时间，而依赖于时间的部分 $\boldsymbol{\Phi}(t)$ 不依赖于天体。

课堂练习

计算验证 (5.76)。

作业

假设 x_1 和 y_1 不全为零，计算证明如果

$$\begin{pmatrix} x_1 \\ y_1 \\ z_1 \end{pmatrix} * \begin{pmatrix} x_2 \\ y_2 \\ z_2 \end{pmatrix} = 0 \tag{5.77}$$

则 $x_2 = y_2 = 0$。

把关系 (5.75) 和 (5.76) 代入到动力学方程 (5.1)，得到

$$\ddot{\boldsymbol{r}}_i(t) = G \sum_{\substack{j=0 \\ j \neq i}}^{N-1} \frac{m_j(\boldsymbol{r}_j - \boldsymbol{r}_i)}{r_{ij}^3}, N = 3 \tag{5.78}$$

$$\boldsymbol{r}_{ij} = \boldsymbol{r}_j - \boldsymbol{r}_i = \boldsymbol{\Phi}(t) * (\boldsymbol{a}_j - \boldsymbol{a}_i) \tag{5.79}$$

$$r_{ij} = \Phi(t) a_{ij} \tag{5.80}$$

$$a_{ij} \equiv |\boldsymbol{a}_j - \boldsymbol{a}_i| \tag{5.81}$$

$$\ddot{\boldsymbol{\Phi}}(t) * \boldsymbol{a}_i = G \sum_{\substack{j=0 \\ j \neq i}}^{N-1} \frac{m_j \boldsymbol{\Phi}(t) * \boldsymbol{a}_{ij}}{\Phi(t)^3 a_{ij}^3} = G \frac{\boldsymbol{\Phi}(t)}{\Phi(t)^3} * \sum_{\substack{j=0 \\ j \neq i}}^{N-1} \frac{m_j \boldsymbol{a}_{ij}}{a_{ij}^3} \tag{5.82}$$

进一步地假设特解满足

$$\sum_{\substack{j=0 \\ j \neq i}}^{N-1} \frac{m_j \boldsymbol{a}_{ij}}{a_{ij}^3} = -\lambda \boldsymbol{a}_i \tag{5.83}$$

显然如果 N 个 $\boldsymbol{a}_i$ 是共线的，即 $\boldsymbol{a}_i = k_i \boldsymbol{a}_0$，则上式一定是满足的。但无论它们共线与否，满足上述方程的 N 个 $\boldsymbol{a}_i$ 被称为 N 体系统的**中心构型**。

我们把式 (5.83) 代入式 (5.82) 得到

$$\ddot{\boldsymbol{\Phi}}(t) * \boldsymbol{a}_i = -\lambda G \frac{\boldsymbol{\Phi}(t)}{\Phi(t)^3} * \boldsymbol{a}_i \tag{5.84}$$

$$\left(\ddot{\boldsymbol{\Phi}}(t) + \lambda G \frac{\boldsymbol{\Phi}(t)}{\Phi(t)^3} \right) * \boldsymbol{a}_i = 0 \tag{5.85}$$

很自然，$\boldsymbol{a}_i$ 的 x 和 y 分量不可能同时为零，结合前面作业所得结果，我们可以得到矢量 $\ddot{\boldsymbol{\Phi}}(t) + \lambda G \dfrac{\boldsymbol{\Phi}(t)}{\Phi(t)^3}$ 的 x 和 y 分量都为零。在根据 $\boldsymbol{\Phi}$ 的定义 (5.73) 可知矢量 $\ddot{\boldsymbol{\Phi}}(t) + \lambda G \dfrac{\boldsymbol{\Phi}(t)}{\Phi(t)^3}$ 的 z 分量为零。所以矢量 $\ddot{\boldsymbol{\Phi}}(t) + \lambda G \dfrac{\boldsymbol{\Phi}(t)}{\Phi(t)^3}$ 等于零

$$\ddot{\boldsymbol{\Phi}}(t) + \lambda G \frac{\boldsymbol{\Phi}(t)}{\Phi(t)^3} = 0 \tag{5.86}$$

这个方程和二体问题中有效单体问题运动方程 $\ddot{\boldsymbol{r}} = -\mu \dfrac{\boldsymbol{r}}{r^3}$ 的形式一样。根据二体有效单体问题解的特点我们可知上述方程可以有任意二次曲线形式的解。

对于三体问题 $N = 3$，直接计算可得中心构型方程 (5.83) 有共线解和正三角形解，刚好对应前面讲过的特解。有趣的是，上述讨论对任意 N 都成立。并且特殊乘法还可以是别的形式 (比如说叉乘)，只要满足线性性质和与非零矢量乘积为零一定意味着该矢量等于零的性质即可。所以 N 体问题的中心构型与特殊乘法定义无关，具有很重要的意义。而通过特殊乘法的定义，配以中心构型，我们就可以得到 N 体问题的若干特解。

5.2 正则变换与三体问题自由度约化

我们在前面讲雅可比坐标系的时候已经接触过利用总动量守恒对应质心做惯性运动约化三个自由度的办法。在三体问题中，我们还可以利用哈密顿系统正则坐标变换的方法达到对三体问题动力学方程约化自由度的目的。当然前面讲的雅可比坐标系其实就是一种正则坐标变换方法。具体地，存在雅可比正则变换方法和庞加莱变换方法。

5.3   限制性三体问题

如果三体中一个天体的质量无限小，以至它的存在不影响其他两个有限质量的天体在相互的引力作用下运动，那么我们把这样的三体问题叫做限制性三体问题。实际上就是考虑二体系统外加一个测试天体的问题。

我们前面对于一般三体问题得到的共线解和正三角形解当然也适用于现在的限制性三体问题。我们先来考察共线解对应的方程 (5.53)。分别假设 P_0 是测试天体，则 $m_0 = 0$；假设 P_1 是测试天体，则 $m_1 = 0$；以及假设 P_2 是测试天体，则 $m_2 = 0$。三种情况分别得到限制性三体问题的三个共线性特解。三个天体绕它们的质心做匀速圆周运动。在该匀速圆周运动的旋转参考系中，测试天体相对于两个有限质量天体的位置不变。其中在两个有限质量天体中间的那个位置叫做第一拉格朗日点 L_1，另外两个位置中离较小质量天体比较近的那个位置叫做第二拉格朗日点 L_2，另一个位置叫第三拉格朗日点 L_3。我们再来考察正三角形特解。同样地，三个天体绕它们的质心做匀速圆周运动。在该匀速圆周运动的旋转参考系中，测试天体相对于两个有限质量天体的位置不变。其中位于旋转方向前方那个位置被称为第四拉格朗日点 L_4，后方那个位置叫第五拉格朗日点 L_5。

5.4   圆型限制性三体问题的雅可比积分

限制性三体问题根据两个有限质量天体相对运动轨道的形状分成圆型、椭圆型和抛物型等限制性三体问题。本小节讨论圆型限制性三体问题。

根据问题设定我们知道两个有限质量天体 P_1 和 P_2 绕它们两者的质心做匀速圆周运动，所以我们可以选择该圆周运动对应的旋转坐标系使得这两个有限质量天体的坐标为 $(x_1, 0, 0)$ 和 $(x_2, 0, 0)$ 且 $x_1 < 0 < x_2$。再注意到 $m_0 = 0$，方程 (5.23)~(5.25) 的左边对应 $\dfrac{1}{m_i}\dfrac{\partial U}{\partial x_i}$，$\dfrac{1}{m_i}\dfrac{\partial U}{\partial y_i}$ 和 $\dfrac{1}{m_i}\dfrac{\partial U}{\partial z_i}$，方程 (5.18) 变成

$$m_2 \frac{x_1 - x_2}{r_{21}^3} = \frac{n^2}{G} x_1 \tag{5.87}$$

$$m_1 \frac{x_2 - x_1}{r_{12}^3} = \frac{n^2}{G} x_2 \tag{5.88}$$

$$\ddot{x}_0 - 2n\dot{y}_0 - n^2 x_0 + Gm_1 \frac{x_0 - x_1}{r_{10}^3} + Gm_2 \frac{x_0 - x_2}{r_{20}^3} = 0 \tag{5.89}$$

$$\ddot{y}_0 + 2n\dot{x}_0 - n^2 y_0 + Gm_1 \frac{y_0}{r_{10}^3} + Gm_2 \frac{y_0}{r_{20}^3} = 0 \tag{5.90}$$

$$\ddot{z}_0 + Gm_1 \frac{z_0}{r_{10}^3} + Gm_2 \frac{z_0}{r_{20}^3} = 0 \tag{5.91}$$

通过求解式 (5.87) 和式 (5.88) 我们可以得到

$$x_1 = -\frac{Gm_2}{n^2 r_{12}^2} \tag{5.92}$$

$$x_2 = \frac{Gm_1}{n^2 r_{12}^2} \tag{5.93}$$

由于 n 可以取任意值，所以上述的两个方程不是对于 $x_{1,2}$ 的限制条件。真正对 $x_{1,2}$ 的限制是两者质心位置在原点 $m_1 x_1 + m_2 x_2 = 0$。如果我们记 $\frac{m_2}{m_1 + m_2} \equiv \mu$，我们有

$$x_2 - x_1 \equiv a \tag{5.94}$$

$$x_1 = -\mu a \tag{5.95}$$

$$x_2 = (1 - \mu)a \tag{5.96}$$

$$r_{10} = \sqrt{(x_0 + a\mu)^2 + y_0^2 + z_0^2} \tag{5.97}$$

$$r_{20} = \sqrt{[x_0 - a(1 - \mu)]^2 + y_0^2 + z_0^2} \tag{5.98}$$

下面我们可以根据上述关系，通过引入下述记号简化方程 (5.89) ～ 方程 (5.90)

$$x \equiv \frac{x_0}{a} \tag{5.99}$$

$$y \equiv \frac{y_0}{a} \tag{5.100}$$

$$z \equiv \frac{z_0}{a} \tag{5.101}$$

$$r_1 \equiv \sqrt{(x + \mu)^2 + y^2 + z^2} \tag{5.102}$$

$$r_2 \equiv \sqrt{(x - 1 + \mu)^2 + y^2 + z^2} \tag{5.103}$$

$$\ddot{x} - 2n\dot{y} - n^2 x + Gm_1 \frac{x + \mu}{a^3 r_1^3} + Gm_2 \frac{x + \mu - 1}{a^3 r_2^3} = 0 \tag{5.104}$$

$$\ddot{y} + 2n\dot{x} - n^2 y + Gm_1 \frac{y}{a^3 r_1^3} + Gm_2 \frac{y}{a^3 r_2^3} = 0 \tag{5.105}$$

$$\ddot{z} + Gm_1 \frac{z}{a^3 r_1^3} + Gm_2 \frac{z}{a^3 r_2^3} = 0 \tag{5.106}$$

注意到，有限质量的两个天体运动规律所满足的开普勒第三运动定律 $n^2 a^3 = G(m_1 + m_2)$，我们可以进一步化简上述方程

$$\frac{\mathrm{d}^2 z}{\mathrm{d}t^2} + \frac{G(m_1+m_2)}{a^3}\frac{m_1}{m_1+m_2}\frac{z}{r_1^3} + \frac{G(m_1+m_2)}{a^3}\frac{m_2}{m_1+m_2}\frac{z}{r_2^3} = 0 \tag{5.107}$$

$$\frac{\mathrm{d}^2 z}{n^2\mathrm{d}t^2} + \frac{G(m_1+m_2)}{n^2 a^3}\frac{m_1}{m_1+m_2}\frac{z}{r_1^3} + \frac{G(m_1+m_2)}{n^2 a^3}\frac{m_2}{m_1+m_2}\frac{z}{r_2^3} = 0 \tag{5.108}$$

$$\tau \equiv nt \tag{5.109}$$

$$\frac{\mathrm{d}^2 z}{\mathrm{d}\tau^2} + (1-\mu)\frac{z}{r_1^3} + \mu\frac{z}{r_2^3} = 0 \tag{5.110}$$

$$\frac{\mathrm{d}^2 x}{n^2\mathrm{d}t^2} - 2\frac{\mathrm{d}y}{n\mathrm{d}t} - x + \frac{G(m_1+m_2)}{n^2 a^3}\frac{m_1}{m_1+m_2}\frac{x+\mu}{r_1^3}$$

$$+ \frac{G(m_1+m_2)}{n^2 a^3}\frac{m_2}{m_1+m_2}\frac{x+\mu-1}{r_2^3} = 0 \tag{5.111}$$

$$\frac{\mathrm{d}^2 x}{\mathrm{d}\tau^2} - 2\frac{\mathrm{d}y}{\mathrm{d}\tau} - x + (1-\mu)\frac{x+\mu}{r_1^3} + \mu\frac{x+\mu-1}{r_2^3} = 0 \tag{5.112}$$

$$\frac{\mathrm{d}^2 y}{n^2\mathrm{d}t^2} + 2\frac{\mathrm{d}x}{n\mathrm{d}t} - y + \frac{G(m_1+m_2)}{n^2 a^3}\frac{m_1}{m_1+m_2}\frac{y}{r_1^3}$$

$$+ \frac{G(m_1+m_2)}{n^2 a^3}\frac{m_2}{m_1+m_2}\frac{y}{r_2^3} = 0 \tag{5.113}$$

$$\frac{\mathrm{d}^2 y}{\mathrm{d}\tau^2} + 2\frac{\mathrm{d}x}{\mathrm{d}\tau} - y + (1-\mu)\frac{y}{r_1^3} + \mu\frac{y}{r_2^3} = 0 \tag{5.114}$$

简化后的方程 (5.110)，方程 (5.112) 和方程 (5.114) 也被称为无量纲化后的方程，也可以看作时间单位取 2π 分之有限质量两个天体的运动周期，长度单位取 a，质量单位取 $m_1 + m_2$ 后的新单位制下得到的方程。

5.4.1 拉格朗日点再讨论

我们考虑方程 (5.110)，方程 (5.112) 和方程 (5.114) 不随时间变化的特解

$$x - (1-\mu)\frac{x+\mu}{r_1^3} - \mu\frac{x+\mu-1}{r_2^3} = 0 \tag{5.115}$$

$$y - (1-\mu)\frac{y}{r_1^3} - \mu\frac{y}{r_2^3} = 0 \tag{5.116}$$

$$(1-\mu)\frac{z}{r_1^3} + \mu\frac{z}{r_2^3} = 0 \tag{5.117}$$

由于 $1-\mu > 0, r_{1,2} > 0$, $(1-\mu)\frac{1}{r_1^3} + \mu\frac{1}{r_2^3} > 0$, 所以由式 (5.117) 我们得到 $z = 0$, 即特解对应的测试天体处于 x-y 平面上。

如果 $1-(1-\mu)\frac{1}{r_1^3} - \mu\frac{1}{r_2^3} = 0$, 根据式 (5.115) 我们有

$$x\left(1-(1-\mu)\frac{1}{r_1^3} - \mu\frac{1}{r_2^3}\right) - \mu(1-\mu)\left(\frac{1}{r_1^3} - \frac{1}{r_2^3}\right) = 0 \tag{5.118}$$

$$\frac{1}{r_1^3} - \frac{1}{r_2^3} = 0 \tag{5.119}$$

$$r_1 = r_2 \tag{5.120}$$

把 $r_1 = r_2$ 代入 $1-(1-\mu)\frac{1}{r_1^3} - \mu\frac{1}{r_2^3} = 0$ 我们可以得到

$$r_1 = r_2 = 1 \tag{5.121}$$

这正是正三角形解的两个拉格朗日点 L_4 和 L_5。

如果 $1-(1-\mu)\frac{1}{r_1^3} - \mu\frac{1}{r_2^3} \neq 0$, 根据 (5.116) 我们有 $y = 0$, 即测试天体和两个有限质量天体共线。所以有

$$r_1 = |x + \mu| \tag{5.122}$$

$$r_2 = |x + \mu - 1| \tag{5.123}$$

$$x - (1-\mu)\frac{x+\mu}{|x+\mu|^3} - \mu\frac{x+\mu-1}{|x+\mu-1|^3} = 0 \tag{5.124}$$

上述方程 x 有三个解, 分别对应共线的三个拉格朗日点 L_1、L_2 和 L_3。

5.4.2 雅可比积分

引入记号

$$\Omega \equiv \frac{1}{2}(x^2 + y^2) + \frac{1-\mu}{r_1} + \frac{\mu}{r_2} \tag{5.125}$$

则方程 (5.110)，方程 (5.112) 和方程 (5.114) 可写为

$$\frac{\mathrm{d}^2 x}{\mathrm{d}\tau^2} - 2\frac{\mathrm{d}y}{\mathrm{d}\tau} = \frac{\partial \Omega}{\partial x} \tag{5.126}$$

$$\frac{\mathrm{d}^2 y}{\mathrm{d}\tau^2} + 2\frac{\mathrm{d}x}{\mathrm{d}\tau} = \frac{\partial \Omega}{\partial y} \tag{5.127}$$

$$\frac{\mathrm{d}^2 z}{\mathrm{d}\tau^2} = \frac{\partial \Omega}{\partial z} \tag{5.128}$$

课堂练习

计算验证上述三个方程。

我们把上述三个方程分别乘以 $\dfrac{\mathrm{d}x}{\mathrm{d}\tau}$、$\dfrac{\mathrm{d}y}{\mathrm{d}\tau}$ 和 $\dfrac{\mathrm{d}z}{\mathrm{d}\tau}$ 然后相加得到

$$\frac{\mathrm{d}x}{\mathrm{d}\tau}\frac{\mathrm{d}^2 x}{\mathrm{d}\tau^2} + \frac{\mathrm{d}y}{\mathrm{d}\tau}\frac{\mathrm{d}^2 y}{\mathrm{d}\tau^2} + \frac{\mathrm{d}z}{\mathrm{d}\tau}\frac{\mathrm{d}^2 z}{\mathrm{d}\tau^2} = \frac{\mathrm{d}x}{\mathrm{d}\tau}\frac{\partial \Omega}{\partial x} + \frac{\mathrm{d}y}{\mathrm{d}\tau}\frac{\partial \Omega}{\partial y} + \frac{\mathrm{d}z}{\mathrm{d}\tau}\frac{\partial \Omega}{\partial z} \tag{5.129}$$

$$\frac{\mathrm{d}}{\mathrm{d}\tau}\left\{\frac{1}{2}\left[\left(\frac{\mathrm{d}x}{\mathrm{d}\tau}\right)^2 + \left(\frac{\mathrm{d}y}{\mathrm{d}\tau}\right)^2 + \left(\frac{\mathrm{d}z}{\mathrm{d}\tau}\right)^2\right]\right\} = \frac{\mathrm{d}\Omega}{\mathrm{d}\tau} \tag{5.130}$$

$$\frac{1}{2}\left[\left(\frac{\mathrm{d}x}{\mathrm{d}\tau}\right)^2 + \left(\frac{\mathrm{d}y}{\mathrm{d}\tau}\right)^2 + \left(\frac{\mathrm{d}z}{\mathrm{d}\tau}\right)^2\right] - \Omega = C \tag{5.131}$$

$$2\Omega - u^2 \equiv C_J \tag{5.132}$$

$$u \equiv \sqrt{\left(\frac{\mathrm{d}x}{\mathrm{d}\tau}\right)^2 + \left(\frac{\mathrm{d}y}{\mathrm{d}\tau}\right)^2 + \left(\frac{\mathrm{d}z}{\mathrm{d}\tau}\right)^2} \tag{5.133}$$

守恒量 C_J 被称为圆型限制性三体问题的雅可比积分。等价地，我们可以把 C_J 表达为

$$C_J = 2\left[\frac{1}{2}(x_0^2 + y_0^2)/a^2 + \frac{G(m_1 + m_2)}{n^2 a^3}\frac{1-\mu}{r_1} + \frac{G(m_1 + m_2)}{n^2 a^3}\frac{\mu}{r_2}\right]$$
$$- \left[\left(\frac{\mathrm{d}x_0}{\mathrm{d}t}\right)^2 + \left(\frac{\mathrm{d}y_0}{\mathrm{d}t}\right)^2 + \left(\frac{\mathrm{d}z_0}{\mathrm{d}t}\right)^2\right]/(a^2 n^2) \tag{5.134}$$

$$a^2 n^2 C_J = n^2(x_0^2 + y_0^2) + 2G\frac{m_1}{r_{10}} + 2G\frac{m_2}{r_{20}} - v^2 \tag{5.135}$$

$$v \equiv \sqrt{\dot{x}_0^2 + \dot{y}_0^2 + \dot{z}_0^2} \tag{5.136}$$

雅可比积分实质为旋转势能、引力势能和动能总和守恒。

根据式 (5.9) 我们有

$$x = \cos nt\xi + \sin nt\eta \tag{5.137}$$

$$y = -\sin nt\xi + \cos nt\eta \tag{5.138}$$

$$z = \zeta \tag{5.139}$$

$$\dot{x} = \cos nt\dot{\xi} + \sin nt\dot{\eta} - n\sin nt\xi + n\cos nt\eta \tag{5.140}$$

$$\dot{y} = -\sin nt\dot{\xi} + \cos nt\dot{\eta} - n\cos nt\xi - n\sin nt\eta \tag{5.141}$$

$$\dot{z} = \dot{\zeta} \tag{5.142}$$

$$a^2 n^2 C_J = 2G\frac{m_1}{r_{10}} + 2G\frac{m_2}{r_{20}} + 2n(\xi_0\dot{\eta}_0 - \eta_0\dot{\xi}_0) - (\dot{\xi}_0^2 + \dot{\eta}_0^2 + \dot{\zeta}_0^2) \tag{5.143}$$

$$r_{i0} = \sqrt{(\xi_0 - \xi_i)^2 + (\eta_0 - \eta_i)^2 + \zeta_0^2}, \quad i = 1, 2 \tag{5.144}$$

5.4.3 蒂塞朗准则和雅可比积分

太阳系中，太阳 P_1、木星 P_2 和彗星 P_0 构成一个限制性三体问题。木星绕太阳基本做圆周运动，所以该问题是一个圆型限制性三体问题。蒂塞朗准则指出可以两次测定彗星相对于太阳的位置和速度，然后根据雅可比积分常数判定两次观测到的是否为同一颗彗星。步骤如下，首先把彗星和太阳、木星总质量看作二体问题我们有关系 (2.215)，

$$\dot{\xi}_0^2 + \dot{\eta}_0^2 + \dot{\zeta}_0^2 = G(m_1 + m_2)\left(\frac{2}{r_{10}} - \frac{1}{a_0}\right) \tag{5.145}$$

a_0 指的是该二体问题轨道的半长轴。利用式 (2.129)，该二体问题的角动量 z 分量可写为

$$\xi_0\dot{\eta}_0 - \eta_0\dot{\xi}_0 = h\cos\iota = na_0^2\sqrt{1 - e^2}\cos\iota \tag{5.146}$$

把上述两个关系代入式 (5.143)，我们得到

$$a^2 n^2 C_J = 2G\frac{m_1}{r_{10}} + 2G\frac{m_2}{r_{20}} + 2n^2 a_0^2\sqrt{1 - e^2}\cos\iota - G(m_1 + m_2)\left(\frac{2}{r_{10}} - \frac{1}{a_0}\right) \tag{5.147}$$

$$= 2Gm_2\left(\frac{1}{r_{20}} - \frac{1}{r_{10}}\right) + 2n^2 a_0^2\sqrt{1 - e^2}\cos\iota + \frac{G(m_1 + m_2)}{a_0} \tag{5.148}$$

选取对彗星的观测点使得日彗距离和木彗距离基本相等，$r_{20} = r_{10}$，则上式变为

$$a^2 n^2 C_J = 2n^2 a_0^2\sqrt{1 - e^2}\cos\iota + \frac{G(m_1 + m_2)}{a_0} \tag{5.149}$$

每一次测量我们可以使用二体问题定轨的办法确定 a_0, e, ι，如果两次观测定出的 a_0, e, ι 代入上式右边的结果基本相等，则意味着我们两次观测到的彗星是同一颗。

5.4.4 零速度面

根据式 (5.132) 我们有

$$u^2 = 2\Omega - C_J \tag{5.150}$$

上式的右边只是 x, y, z 的函数。$2\Omega - C_J = 0$ 的点在空间中组成一个二维曲面，对应速度 $u = 0$，所以该曲面被称为零速度面。更确切地，零速度面可以表示为

$$x^2 + y^2 + \frac{2(1-\mu)}{\sqrt{(x-x_1)^2 + y^2 + z^2}} + \frac{2\mu}{\sqrt{(x-x_2)^2 + y^2 + z^2}} = C_J \tag{5.151}$$

C_J 虽然在测试天体运动过程中是常数，但跟测试天体的初始状态有关。所以只有在初始状态给定的情况下，零速度面才是确定的。但无论如何，零速度面对应 2Ω 的等值面，只是零速度面对应哪一个等值面由初始状态决定的 C_J 确定。由于

$$0 \leqslant x^2 + y^2 + \frac{2(1-\mu)}{\sqrt{(x-x_1)^2 + y^2 + z^2}} + \frac{2\mu}{\sqrt{(x-x_2)^2 + y^2 + z^2}} < \infty \tag{5.152}$$

所以只有当 $0 \leqslant C_J < \infty$ 时零速度面才会存在。当零速度面存在时，空间被该面分成两个范围，一个范围对应 $u^2 = 2\Omega - C_J > 0$，是物理上允许的区域，意味着测试天体运动可能到达的空间点；另一个范围对应 $u^2 = 2\Omega - C_J < 0$，是物理上不允许的区域，意味着测试天体一定不能到达的空间点。因为 Ω 作为 (x, y, z) 的函数关于 y 和 z 分别都是偶函数，所以零速度面关于 x-y 平面和 x-z 平面都是对称的。

5.4.5 希尔作用范围

分析 Ω 作为 (x, y, z) 的函数形式我们会发现当 $(x, y) \to \infty$ 或者靠近 P_1 所在位置 $(x_1, 0, 0)$ 或者靠近 P_2 所在位置 $(x_2, 0, 0)$ 时，Ω 都会趋于 ∞。所以对于任意给定的 C_J，这三个区域都对应物理上允许的区域。可见，一般情况下，零速度面包含三个不连通的二维面，分别是包围 P_1，P_2 的曲面和同时包围 P_1 和 P_2 且离它们比较远的曲面。我们把包围 P_1 的曲面叫 S_1，把包围 P_2 的曲面叫 S_2，把离它们比较远的曲面叫 S_3。S_1 以内，S_2 以内以及 S_3 以外的区域是物理上允许的区域。但这三个区域不连通，所以测试天体不可能从一个区域运动到另一个区域。

跟零速度面的确切位置依赖于 C_J 一样，曲面 $S_{1,2,3}$ 的确切位置也依赖于 C_J 的取值。粗略地估计，S_3 附近因为 x, y 很大，所以 (5.151) 变为

$$C_J \approx x^2 + y^2 \tag{5.153}$$

即 S_3 大致是以原点为球心, 半径为 $\sqrt{C_J}$ 的球面。在 S_1 附近 $(x-x_1)^2+y^2+z^2 \to 0$, 所以式 (5.151) 变为

$$C_J \approx \frac{2(1-\mu)}{\sqrt{(x-x_1)^2+y^2+z^2}} \tag{5.154}$$

即 S_1 大致是以 P_1 的位置为球心, 半径为 $\dfrac{2(1-\mu)}{C_J}$ 的球面。类似地 S_2 大致是以 P_2 的位置为球心, 半径为 $\dfrac{2\mu}{C_J}$ 的球面。当 C_J 由大变小时, S_1 和 S_2 将变大, 而 S_3 将变小。进而 S_1 和 S_2 在 L_1 处相碰合二为一, 我们把合在一起的零速度面记做 S_{12}。随着 C_J 继续变小, S_{12} 变大, 而 S_3 将继续变小。接下来 S_{12} 和 S_3 会在 L_2 处相碰合二为一。至此, 零速度面变成完全连通的二维曲面, 物理上允许的区域也变成完全连通的一个区域。此时物理上不允许的区域也是完全连通的一个区域。随着 C_J 继续变小, 物理上允许的区域变大, 而物理上不允许的区域变小, 然后在 L_3 处物理上不允许的区域被一分为二变得不再连通。因为 Ω 关于 x-z 平面的对称性, 这两个不连通区域是完全对称的。最后这两个不连通的区域会同时分别在 L_4 和 L_5 处消失。

当我们关心包围 P_1 和 P_2 的零速度面时, 考虑到 P_1 和 P_2 处在 x-y 平面上, 这样的零速度面一定和 x-y 平面相交, 其交线被人们称为零速度线。显然, 对于零速度线有 $z=0$, 此时式 (5.151) 变为

$$x^2 + y^2 + \frac{2(1-\mu)}{\sqrt{(x-x_1)^2+y^2}} + \frac{2\mu}{\sqrt{(x-x_2)^2+y^2}} = C_J \tag{5.155}$$

进一步化简整理可得到

$$\begin{aligned}
&(1-\mu)\left((x-x_1)^2+y^2+\frac{2}{\sqrt{(x-x_1)^2+y^2}}\right) \\
&+ \mu\left((x-x_2)^2+y^2+\frac{2}{\sqrt{(x-x_2)^2+y^2}}\right) = \\
&C_J + (1-\mu)x_1^2 + \mu x_2^2 - 2(1-\mu)xx_1 - 2\mu xx_2
\end{aligned} \tag{5.156}$$

注意到 $x_1 = -\mu$ 和 $x_2 = 1-\mu$, 且由于

$$(1-\mu)\left((x-x_1)^2+y^2+\frac{2}{\sqrt{(x-x_1)^2+y^2}}\right) +$$

$$\mu \left((x - x_2)^2 + y^2 + \frac{2}{\sqrt{(x - x_2)^2 + y^2}} \right) \geqslant 3 \tag{5.157}$$

所以对于可以出现零速度线的雅可比常数需要满足

$$C_J \geqslant 3 - \mu(1 - \mu) \tag{5.158}$$

由上面的分析可见 S_1 和 S_2 有一个最大的存在范围，该范围由 L_1 决定。这个最大的 S_1 和 S_2 范围被分别叫做 P_1 和 P_2 的希尔作用范围。这个希尔作用范围大约就是以有限质量天体位置为球心，该球心到 L_1 的距离为半径的球面。下面我们来估算小的那个有限质量天体的希尔作用范围半径。设 $L_1 = (\xi, 0, 0)$，则 ξ 就是方程 (5.124) 的处在 P_1 和 P_2 中间的那个解 $-\mu < \xi < 1 - \mu$。所以我们有

$$\xi - \frac{1 - \mu}{(\xi + \mu)^2} + \frac{\mu}{(\xi + \mu - 1)^2} = 0 \tag{5.159}$$

$\mu = 0$ 时上述方程告诉我们 $\xi = 1$。当 $0 < \mu \ll 1$ 时，μ 和 $\xi - 1$ 都是一级小量。所以上述方程的前两项的领头阶近似为 $\xi - 1$ 已经是一级小量，只保留到一级小量的话我们有

$$\xi - 1 + \frac{\mu}{(\xi + \mu - 1)^2} = 0 \tag{5.160}$$

$$(\xi - 1)(\xi - 1 + \mu)^2 + \mu = 0 \tag{5.161}$$

$$(\xi - 1)^3 + 2\mu(\xi - 1)^2 + \mu = 0 \tag{5.162}$$

$$(\xi - 1)^3 = -\mu \tag{5.163}$$

$$\xi = 1 - \mu^{\frac{1}{3}} \tag{5.164}$$

所以 P_2 到 L_1 的距离为

$$1 - \mu - \xi \approx \mu^{\frac{1}{3}} \tag{5.165}$$

恢复到约化 a 前的距离，对应式 (2.333) 使用的记号我们得到

$$r_3 \approx a\mu^{\frac{1}{3}} \approx Aq^{1/3} \tag{5.166}$$

5.4.6 洛希势和洛希瓣

我们熟悉的机械能守恒关系是守恒的总能量等于动能加势能。在二体问题对应的有效单体问题讨论过程中我们得到了这样的机械能量守恒 (2.118)，我们也可以类比式 (5.132) 的记号把式 (2.118) 改写成形式

$$2\frac{\mu}{r} - u^2 = -2E \tag{5.167}$$

这里 $-2E$ 是守恒量，对应 C_J。$-\dfrac{\mu}{r}$ 是引力势能，对应 $-\Omega$。根据此类比，我们可以把 $-\Omega$ 称为某种"势能"，人们称之为洛希势。根据式 (5.135) 的分析，我们也可以把洛希势理解为引力势能和旋转非惯性系带来的旋转势能之和。洛希势是三维函数，自变量包括 x, y, z。图 5.1(a) 是 x-y 平面对应洛希势的示意图。洛希势存在五个极值点，即梯度为零的点。这五个点出现在 $z = 0$ 的 x-y 平面，刚好对应五个拉格朗日点。通过拉格朗日点 L_1 的等洛希势面就是区分两个有限质量天体所对应希尔作用范围的曲面。所以我们可以通过雅可比积分判断希尔稳定性。在某有限质量天体附近运动的测试天体，如果其"总能量" $-\dfrac{C_J}{2}$ 小于拉格朗日点 L_1 处的洛希势 $-\Omega(L_1)$，那么该测试天体就不会离开该有限质量天体的希尔作用范围，所以被称为希尔稳定的。所以只要

$$C_J > 2\Omega(L_1) \equiv C_J(L_1) \tag{5.168}$$

该测试天体就是希尔稳定的。对于太阳、地球、月亮三体系统，月亮可被看作测试天体，该圆型限制性三体问题对应的 $C_J(L_1) \approx 3.0009$。而月球运动对应的雅可比积分约为 $C_J \approx 3.0012 > C_J(L_1)$。所以月球相对于地球是希尔稳定的。

由于通过拉格朗日点 L_1 的等洛希势面具有上述的特殊动力学意义，人们把这个曲面称为洛希瓣。绕两个天体运动的气体可被近似看作若干测试粒子，它们一旦以零速度跨过洛希瓣就意味着进入到对应天体的希尔作用范围，从而被该天体捕获。对于两个相互旋绕的天体而言，其构成物质颗粒可看作相对于旋转坐标系不动的测试粒子，所以洛希瓣对应形体吸积物质的区域边界面。图 5.1(b) 是洛希瓣示意图。

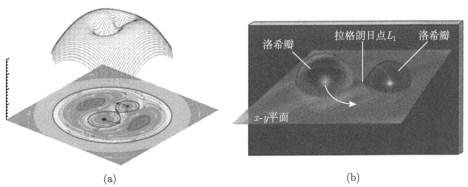

(a)   (b)

图 5.1   (a) x-y 平面对应洛希势的示意图；(b) 洛希瓣示意图 (彩图扫封底二维码)

5.5　拉格朗日点的动力学稳定性

假设我们有一组关于时间的常微分方程组

$$\frac{\mathrm{d}y_i}{\mathrm{d}t} = f_i(y_1, y_2, \cdots, y_N), \quad i = 1, \cdots, N \tag{5.169}$$

$y_i^o(t)$ 是这个方程组的一个解。我们考察这个解的扰动解 $y_i^o(t) + \xi_i(t)$,其中 $|\xi_i(t)| \ll 1$ 所以有

$$\frac{\mathrm{d}y_i^o + \xi_i}{\mathrm{d}t} = f_i(y_1^o + \xi_1, y_2^o + \xi_2, \cdots, y_N^o + \xi_N), i = 1, \cdots, N \tag{5.170}$$

$$\frac{\mathrm{d}y_i^o}{\mathrm{d}t} + \frac{\mathrm{d}\xi_i}{\mathrm{d}t} \approx f_i(y_1^o, y_2^o, \cdots, y_N^o) + \sum_{j=1}^{N} \left.\frac{\partial f_i}{\partial y_j}\right|_{y=y^o} \xi_j \tag{5.171}$$

$$\frac{\mathrm{d}\xi_i}{\mathrm{d}t} = \sum_{j=1}^{N} \left.\frac{\partial f_i}{\partial y_j}\right|_{y=y^o} \xi_j \tag{5.172}$$

这是一个关于 ξ_i 的常系数常微分方程组。数学上,方程组 (5.169) 被称为动力学系统。方程组 (5.172) 被称为原动力学系统在 y^o 处的变分方程。给定 ξ_i 在 0 时刻的初值,方程组 (5.172) 将决定 ξ_i 在未来时刻的演化。如果 ξ_i 随着时间能够保持很小,就说明 y^o 这个解是稳定的;反之,如果 ξ_i 随着时间变得很大,则说明 y^o 这个解是不稳定的。鉴于 (5.172) 得到过程的线性展开近似,这样的稳定性被称为线性稳定性。

天文物理中遇到的关于时间的常微分方程组一般是二阶微分方程,但我们总可以通过引入辅助变量变成一阶微分方程从而变成式 (5.169) 的形式。比如式 (5.126)∼ 式 (5.128) 我们就可以变为

$$\frac{\mathrm{d}x}{\mathrm{d}\tau} \equiv v_x \tag{5.173}$$

$$\frac{\mathrm{d}y}{\mathrm{d}\tau} \equiv v_y \tag{5.174}$$

$$\frac{\mathrm{d}z}{\mathrm{d}\tau} \equiv v_z \tag{5.175}$$

$$\frac{\mathrm{d}v_x}{\mathrm{d}\tau} - 2v_y = \frac{\partial \Omega}{\partial x} \tag{5.176}$$

$$\frac{\mathrm{d}v_y}{\mathrm{d}\tau} + 2v_x = \frac{\partial \Omega}{\partial y} \tag{5.177}$$

$$\frac{\mathrm{d}v_z}{\mathrm{d}\tau} = \frac{\partial\Omega}{\partial z} \tag{5.178}$$

对应的变分方程 (5.172) 为

$$\begin{pmatrix} \dfrac{\mathrm{d}\xi_1}{\mathrm{d}t} \\[2mm] \dfrac{\mathrm{d}\xi_2}{\mathrm{d}t} \\[2mm] \dfrac{\mathrm{d}\xi_3}{\mathrm{d}t} \\[2mm] \dfrac{\mathrm{d}\xi_4}{\mathrm{d}t} \\[2mm] \dfrac{\mathrm{d}\xi_5}{\mathrm{d}t} \\[2mm] \dfrac{\mathrm{d}\xi_6}{\mathrm{d}t} \end{pmatrix} = \begin{pmatrix} 0 & 0 & 0 & 1 & 0 & 0 \\ 0 & 0 & 0 & 0 & 1 & 0 \\ 0 & 0 & 0 & 0 & 0 & 1 \\ \Omega_{xx} & \Omega_{xy} & \Omega_{xz} & 0 & 2 & 0 \\ \Omega_{xy} & \Omega_{yy} & \Omega_{yz} & -2 & 0 & 0 \\ \Omega_{xz} & \Omega_{yz} & \Omega_{zz} & 0 & 0 & 0 \end{pmatrix}_0 \begin{pmatrix} \xi_1 \\ \xi_2 \\ \xi_3 \\ \xi_4 \\ \xi_5 \\ \xi_6 \end{pmatrix} \tag{5.179}$$

其中，Ω_{ij} 是求二阶导数的意思，ξ_1 至 ξ_6 分别代表 x, y, z, v_x, v_y, v_z 分量的线性化扰动分量，下标 0 表示在原始动力系统 (5.178) 解 y^o 处取值。把 Ω 的确切形式 (5.125) 代入并考虑躺在 x-y 平面内的轨道 y^o，即 $z = v_z = 0$(拉格朗日点是这种类型轨道中更特殊的)，我们会得到

$$\begin{pmatrix} \dfrac{\mathrm{d}\xi_1}{\mathrm{d}t} \\[2mm] \dfrac{\mathrm{d}\xi_2}{\mathrm{d}t} \\[2mm] \dfrac{\mathrm{d}\xi_3}{\mathrm{d}t} \\[2mm] \dfrac{\mathrm{d}\xi_4}{\mathrm{d}t} \\[2mm] \dfrac{\mathrm{d}\xi_5}{\mathrm{d}t} \\[2mm] \dfrac{\mathrm{d}\xi_6}{\mathrm{d}t} \end{pmatrix} = \begin{pmatrix} 0 & 0 & 0 & 1 & 0 & 0 \\ 0 & 0 & 0 & 0 & 1 & 0 \\ 0 & 0 & 0 & 0 & 0 & 1 \\ \Omega_{xx} & \Omega_{xy} & 0 & 0 & 2 & 0 \\ \Omega_{xy} & \Omega_{yy} & 0 & -2 & 0 & 0 \\ 0 & 0 & \Omega_{zz} & 0 & 0 & 0 \end{pmatrix}_0 \begin{pmatrix} \xi_1 \\ \xi_2 \\ \xi_3 \\ \xi_4 \\ \xi_5 \\ \xi_6 \end{pmatrix} \tag{5.180}$$

可以看出 z, v_z 可以跟其他四个方程独立出来

$$\frac{\mathrm{d}^2\xi_3}{\mathrm{d}t^2} + A_0\xi_3 = 0 \tag{5.181}$$

$$A_0 = \frac{1 - \mu}{r_1^3} + \frac{\mu}{r_2^3} > 0 \tag{5.182}$$

这是一个谐振子方程，所以 $|\xi_3(t)| \leqslant |\xi_3(0)| \ll 1$。即 z 方向的运动一定是稳定的。

另外四个方程变为

$$\begin{pmatrix} \dfrac{\mathrm{d}\xi_1}{\mathrm{d}t} \\[2mm] \dfrac{\mathrm{d}\xi_2}{\mathrm{d}t} \\[2mm] \dfrac{\mathrm{d}\xi_4}{\mathrm{d}t} \\[2mm] \dfrac{\mathrm{d}\xi_5}{\mathrm{d}t} \end{pmatrix} = \begin{pmatrix} 0 & 0 & 1 & 0 \\ 0 & 0 & 0 & 1 \\ \Omega_{xx} & \Omega_{xy} & 0 & 2 \\ \Omega_{xy} & \Omega_{yy} & -2 & 0 \end{pmatrix}_0 \begin{pmatrix} \xi_1 \\ \xi_2 \\ \xi_4 \\ \xi_5 \end{pmatrix} \tag{5.183}$$

上述 4×4 变分矩阵的特征值方程为

$$\begin{vmatrix} \lambda & 0 & -1 & 0 \\ 0 & \lambda & 0 & -1 \\ -\Omega_{xx} & -\Omega_{xy} & \lambda & -2 \\ -\Omega_{xy} & -\Omega_{yy} & 2 & \lambda \end{vmatrix}_0 = 0 \tag{5.184}$$

$$\lambda^4 + (4 - \Omega_{xx} - \Omega_{yy})_0 \lambda^2 + (\Omega_{xx}\Omega_{yy} - \Omega_{xy}^2)_0 = 0 \tag{5.185}$$

对于共线特解的拉格朗日点 L_1, L_2, L_3，上述特征值方程变为

$$\lambda^4 + 2B\lambda^2 - C^2 = 0 \tag{5.186}$$

$$2B \equiv 2 - A_0 \tag{5.187}$$

$$C^2 \equiv (1 + 2A_0)(A_0 - 1) > 0 \tag{5.188}$$

所以四个本征值，其中两个纯虚，一个正，一个负。

由高数的知识可知，为了求解线性常微分方程组，可以先求解特征值对应的常微分方程

$$\frac{\mathrm{d}\eta_j}{\mathrm{d}t} = \lambda_j \eta_j \tag{5.189}$$

$$\eta_j(t) = \mathrm{e}^{\lambda_j t} \eta_j(0) \tag{5.190}$$

然后用 $\eta_j(t)$ 线性组合出 $\xi_i(t)$。由式 (5.190) 可知，只要 $Re(\lambda_j) > 0$，则 $|\eta_j(t)|$ 将随着时间无限增大，$|\xi_i(t)|$ 也将随着时间无限增大。

所以共线特解拉格朗日点 L_1, L_2, L_3 的其中那个正特征值导致了这三个拉格朗日点特解不稳定。数学上，特征值的实部被称为李雅普诺夫指数，正的实部对应混沌现象的发生。本书不对混沌现象展开讨论。

对于正三角形特解的拉格朗日点 L_4, L_5，上述特征值方程变为

$$\lambda^4 + \lambda^2 + \frac{27}{4}\mu(1-\mu) = 0 \tag{5.191}$$

$$\lambda^2 = \frac{1}{2}(-1 \pm \sqrt{1 - 27\mu + 27\mu^2}) \tag{5.192}$$

根据定义 $\mu \equiv \dfrac{m_2}{m_1 + m_2}, m_2 < m_1$，我们知道 $\mu \leqslant \dfrac{1}{2}$。假设在 $\mu_1 < \dfrac{1}{2}$ 处 $1 - 27\mu + 27\mu^2 = 0$。计算可得 $\mu_1 = \dfrac{1}{18}(9 - \sqrt{69})$，被称为 Ruth 临界质量。进一步地，我们会发现：

(1) 如果 $\mu_1 < \mu \leqslant \dfrac{1}{2}$，此时 $1 - 27\mu + 27\mu^2 < 0$，式 (5.192) 的两个 λ^2 为共轭复数，所以四个 λ 对称分布在复平面的四个象限，故有两个具有正实部，导致 L_4 和 L_5 不稳定。

(2) 如果 $\mu = \mu_1$，此时 $\lambda = \pm\dfrac{\sqrt{2}}{2}i$，为二重根。重根特征值会涉及能否用 η_j 线性组合出 ξ_i 的问题。如果式 (5.183) 中的变分矩阵存在 4 个独立的特征矢量则能用 η_j 线性组合出 ξ_i，从而表明原来的解是稳定的。反之则不稳定，L_4 和 L_5 都属于这种情形，所以是不稳定的。

(3) 如果 $\mu < \mu_1$，此时 $1 > 1 - 27\mu + 27\mu^2 > 0$，四个 λ 都是纯虚数，所以 L_4 和 L_5 是稳定的。

第 6 章 摄动理论基础

6.1 受摄二体问题

在二体问题的时候我们讨论过，质量为 m 的天体 P 相对于质量为 M 的主星体的运动方程可写为

$$\ddot{\boldsymbol{r}} = \boldsymbol{F}_0 = -G\frac{M+m}{r^3}\boldsymbol{r} \tag{6.1}$$

如果天体 P 除了受主星体的万有引力外，还受别的力，则上述运动方程变为

$$\ddot{\boldsymbol{r}} = \boldsymbol{F}_0 + \boldsymbol{F}_e \tag{6.2}$$

其中，$\boldsymbol{F}_0$ 就是主星体的万有引力带来的相对加速度，而 $\boldsymbol{F}_e$ 是别的力带来的相对加速度。如果 $\boldsymbol{F}_e$ 与我们所关心天体的位置 $\boldsymbol{r}$ 和速度 $\dot{\boldsymbol{r}}$ 无关，那么这样的二体问题被称为受摄二体问题。

当 $\boldsymbol{F}_e = 0$ 时，动力学方程 (6.2) 回到完完全全的二体问题，有解

$$\boldsymbol{r} = \boldsymbol{r}(C_1, C_2, C_3, C_4, C_5, C_6; t) \tag{6.3}$$

$$\dot{\boldsymbol{r}} = \dot{\boldsymbol{r}}(C_1, C_2, C_3, C_4, C_5, C_6; t) \tag{6.4}$$

当 $\boldsymbol{F}_e \neq 0$ 时，借用常微分方程求解方法中常数变易的思想，我们把上述解中的 6 个积分常数或者说 6 个轨道根数放开成时间的函数，代入式 (6.2) 后如果我们能解出 $C_i(t)$，就可以得到式 (6.2) 的解。

6.2 受摄二体问题的吻切轨道

根据 6.1 节讲到的结果，我们假设动力学方程 (6.2) 在 $\boldsymbol{F}_e \neq 0$ 时，其解可以写成形式

$$\boldsymbol{r} = \boldsymbol{r}(C_1(t), C_2(t), C_3(t), C_4(t), C_5(t), C_6(t); t) \tag{6.5}$$

$$\dot{\boldsymbol{r}} = \dot{\boldsymbol{r}}(C_1(t), C_2(t), C_3(t), C_4(t), C_5(t), C_6(t); t) \tag{6.6}$$

其中，分号表达的意思是总体说来函数是 t 的函数，但函数的形式依赖于 6 个积分常数或者说 6 个轨道根数。其物理意义就是在任意的时刻 t，存在 $C_1(t)$, $C_2(t)$, $C_3(t)$, $C_4(t)$, $C_5(t)$ 和 $C_6(t)$ 对应的二体问题轨道，该轨道信息确定出该时刻的 r 和 $\dot{r}$。不同时刻的这些 r 复合起来就是真正的运动轨道。从几何图像上来看我们就有很多二体问题的轨道和一个真正的运动轨道。二体问题的轨道和真正的运动轨道在任意时刻具有相同的位置和速度。真正的轨道刚好就是这些二体问题轨道的包络线，在相切点上对应的二体问题轨道和真正轨道具有相同的位置和速度。图 6.1就是轨道几何关系的示意图。因为这个几何图像，我们就把对应的二体问题轨道和真正轨道相互称为吻切轨道。方程 (6.5) 和方程 (6.6) 正是吻切轨道的数学表达。

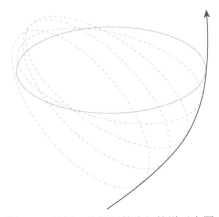

图 6.1　受摄二体问题的吻切轨道示意图

基于上述的几何图像，我们可以把动力学方程 (6.2) 描述的运动行为看作两个运动成分的组合，第一个成分是二体问题和相应 $C_1(t)$, $C_2(t)$, $C_3(t)$, $C_4(t)$, $C_5(t)$ 和 $C_6(t)$ 描述的圆锥曲线运动，第二个成分是从一个圆锥曲线往另一个圆锥曲线的迁移。可以预期，如果迁移得太快，真正轨道的几何图像将与二体问题的运动轨道相差很大；反过来，如果迁移得比较慢，真正轨道的几何图像会保留二体问题运动轨道的痕迹，这样的过程人们称为绝热转变的过程。在 $F_0 \ll F_e$ 时，这个迁移过程一定是缓慢的，所以轨道转变的过程是绝热过程，从而使得真正轨道的几何图像保留二体问题运动轨道的痕迹。

6.3　根数变化与摄动加速度的关系

在常微分方程的常数变易法中，关键要求解的问题是常数变易满足的方程是

什么，如何求解。顺着这个思路，这里我们考察受摄二体问题轨道根数变化与摄动加速度的关系。根据式 (6.5) 我们有

$$\dot{\boldsymbol{r}} = \frac{\partial \boldsymbol{r}}{\partial t} + \sum_{j=1}^{6} \frac{\partial \boldsymbol{r}}{\partial C_j} \frac{\mathrm{d}C_j}{\mathrm{d}t}$$

$$= \dot{\boldsymbol{r}}(C_1(t), C_2(t), C_3(t), C_4(t), C_5(t), C_6(t); t) + \sum_{j=1}^{6} \frac{\partial \boldsymbol{r}}{\partial C_j} \frac{\mathrm{d}C_j}{\mathrm{d}t} \qquad (6.7)$$

$\frac{\partial \boldsymbol{r}}{\partial t} = \dot{\boldsymbol{r}}(C_1(t), C_2(t), C_3(t), C_4(t), C_5(t), C_6(t); t)$ 是因为 $\boldsymbol{r}$ 依赖于 C_1, C_2, C_3, C_4, C_5, C_6 和 t 的函数形式跟二体问题的函数形式一样。又因为吻切轨道条件 (6.6)，我们得到

$$\sum_{j=1}^{6} \frac{\partial \boldsymbol{r}}{\partial C_j} \frac{\mathrm{d}C_j}{\mathrm{d}t} = 0 \qquad (6.8)$$

根据式 (6.6) 我们可以得到

$$\ddot{\boldsymbol{r}} = \frac{\partial \dot{\boldsymbol{r}}}{\partial t} + \sum_{j=1}^{6} \frac{\partial \dot{\boldsymbol{r}}}{\partial C_j} \frac{\mathrm{d}C_j}{\mathrm{d}t}$$

$$= \boldsymbol{F}_0 + \boldsymbol{F}_e \qquad (6.9)$$

式 (6.9) 是因为动力学方程 (6.2)。再注意到 $\dot{\boldsymbol{r}}$ 依赖于 C_1, C_2, C_3, C_4, C_5, C_6 和 t 的函数形式跟二体问题的函数形式一样，我们就有 $\frac{\partial \dot{\boldsymbol{r}}}{\partial t} = \boldsymbol{F}_0$。所以我们得到

$$\sum_{j=1}^{6} \frac{\partial \dot{\boldsymbol{r}}}{\partial C_j} \frac{\mathrm{d}C_j}{\mathrm{d}t} = \boldsymbol{F}_e \qquad (6.10)$$

代数形式上，式 (6.8) 和式 (6.10) 共六个方程包含 $\frac{\mathrm{d}C_j}{\mathrm{d}t}$ 六个未知数。由此我们就可以得到受摄二体问题轨道根数变化与摄动加速度的关系。这组关系被人们称为摄动方程。

6.4　摄动方程的推导

直接求解方程 (6.8) 和方程 (6.10) 可以得到摄动方程。下面我们采用构造二体问题关于 $\boldsymbol{r}$ 和 $\dot{\boldsymbol{r}}$ 明显形式守恒量 ψ 的方法来推导摄动方程。

既然是守恒量，ψ 就应该可以用守恒的轨道根数 C_j 来表达

$$\psi(C_1, C_2, C_3, C_4, C_5, C_6) = \psi(\boldsymbol{r}, \dot{\boldsymbol{r}}) \tag{6.11}$$

在受摄二体问题情况下再来考虑 ψ，现在它不再守恒，会通过 C_j 含时。所以

$$\frac{\mathrm{d}\psi}{\mathrm{d}t} = \sum_{j=1}^{6} \frac{\partial \psi}{\partial C_j} \frac{\mathrm{d}C_j}{\mathrm{d}t} = \frac{\partial \psi}{\partial \boldsymbol{r}} \cdot \frac{\mathrm{d}\boldsymbol{r}}{\mathrm{d}t} + \frac{\partial \psi}{\partial \dot{\boldsymbol{r}}} \cdot \frac{\mathrm{d}\dot{\boldsymbol{r}}}{\mathrm{d}t} = \frac{\partial \psi}{\partial \boldsymbol{r}} \cdot \dot{\boldsymbol{r}} + \frac{\partial \psi}{\partial \dot{\boldsymbol{r}}} \cdot (\boldsymbol{F}_0 + \boldsymbol{F}_e) \tag{6.12}$$

在 $\boldsymbol{F}_e = 0$ 时，动力学方程 (6.2) 回到严格的二体问题，即 $\dfrac{\mathrm{d}C_j}{\mathrm{d}t} = 0$，上式变为

$$\frac{\partial \psi}{\partial \boldsymbol{r}} \cdot \dot{\boldsymbol{r}} + \frac{\partial \psi}{\partial \dot{\boldsymbol{r}}} \cdot \boldsymbol{F}_0 = 0 \tag{6.13}$$

上述方程的左边从表达式形式的角度来说，它是 $\boldsymbol{r}$，$\dot{\boldsymbol{r}}$ 和 $\boldsymbol{F}_0$ 的函数。当我们从严格二体问题推广到摄动二体问题的时候，由于 $\boldsymbol{r}$ 和 $\dot{\boldsymbol{r}}$ 都不变，所以上式依然成立。于是，式 (6.12) 可以约化为

$$\sum_{j=1}^{6} \frac{\partial \psi}{\partial C_j} \frac{\mathrm{d}C_j}{\mathrm{d}t} = \frac{\partial \psi}{\partial \dot{\boldsymbol{r}}} \cdot \boldsymbol{F}_e \tag{6.14}$$

因为 ψ 是我们主动构造的，所以明显表达式 (6.11) 是已知的。从而，上式中 $\dfrac{\partial \psi}{\partial C_j}$ 和 $\dfrac{\partial \psi}{\partial \dot{\boldsymbol{r}}}$ 是能直接算出来的。所以只要我们能构造六个这样的 ψ，我们就可以把受摄二体问题轨道根数变化与摄动加速度的关系即摄动方程推导出来。

在二体问题的一章，我们常取 $a, e, \iota, \Omega, \omega, M$ 为六个轨道根数。但其中 $M = M_0 + nt$ 是时间 t 的函数，不满足本章前述讨论 C_j 不含 t 的要求。为了配合本章对 C_j 的要求，我们取 $a, e, \iota, \Omega, \omega, M_0$ 为六个轨道根数。更具体地，我们选用二体问题对应的轨道坐标系来分析。该坐标系对应的单位坐标基矢为 $(\hat{r}, \hat{\theta}, \hat{R})$，分别是径向、横向和轨道面法向 (图 6.2)。记 $\boldsymbol{F}_e$ 在这三个方向的分量分别为 S, T, W。

首先我们利用二体问题的能量守恒构造一个 ψ 为

$$E = \frac{\mu}{2a} = \frac{\mu}{r} - \frac{1}{2}\left(\dot{r}^2 + r^2\dot{\theta}^2\right) \tag{6.15}$$

对应 ψ，更明显地

$$\psi(a, e, \iota, \Omega, \omega, M_0) = \frac{\mu}{2a} \tag{6.16}$$

$$\psi(r,\theta,R,\dot{r},\dot{\theta},\dot{R}) = \frac{\mu}{r} - \frac{1}{2}\left(\dot{r}^2 + r^2\dot{\theta}^2\right) \tag{6.17}$$

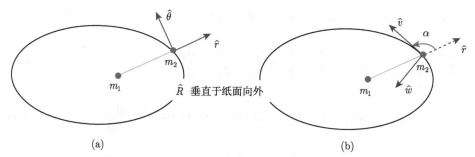

图 6.2　二体问题对应的轨道坐标系 (a) 和速度切向、速度法向 (b) 示意图

根据上述构造，利用式 (6.14)，我们得到

$$-\frac{\mu}{2a^2}\frac{\mathrm{d}a}{\mathrm{d}t} = -\dot{r}S - r\dot{\theta}T \tag{6.18}$$

为了得到自我封闭的摄动方程，即未知函数只包括轨道根数，我们需要把上式的 $r,\dot{r},\dot{\theta}$ 用轨道根数来表示。根据我们之前得到的关系 (2.134), (2.128), (2.135), (2.104), (2.127) 可以得到

$$\begin{aligned}
\dot{r}^2 &= 2(E - V) \\
&= 2\left(-\frac{\mu}{2a} - \frac{h^2}{2r^2} + \frac{\mu}{r}\right) \\
&= \frac{2\mu}{r} - \frac{\mu p}{r^2} - \frac{\mu}{a} \\
&= \mu\left(2\frac{1 + e\cos f}{p} - \frac{(1 + e\cos f)^2}{p} - \frac{1 - e^2}{p}\right) \\
&= \frac{\mu}{p}e^2\sin^2 f
\end{aligned} \tag{6.19}$$

$$\dot{r} = \sqrt{\frac{\mu}{p}}\,e\sin f \tag{6.20}$$

由开普勒第二运动定律 (2.26) 和关系 (2.103),(2.104) 我们有

$$r^2\dot{\theta} = h = \sqrt{\mu p} \tag{6.21}$$

$$r\dot{\theta} = \frac{\sqrt{\mu p}}{r}$$

$$= \sqrt{\frac{\mu}{p}}(1 + e \cos f) \tag{6.22}$$

把上述关系代入式 (6.18)，再结合 $\mu = n^2 a^3$ 和 $p = a(1 - e^2)$ 我们得到

$$\frac{\mathrm{d}a}{\mathrm{d}t} = \frac{a^2}{\mu} \sqrt{\frac{\mu}{p}} \left[e \sin f S + (1 + e \cos f) T \right]$$

$$= \frac{2}{n\sqrt{1 - e^2}} \left[e \sin f S + (1 + e \cos f) T \right] \tag{6.23}$$

我们再根据角动量守恒构造一个 ψ

$$h = \sqrt{\mu p} = r^2 \dot{\theta} \tag{6.24}$$

对应 ψ，更明显地

$$\psi(a, e, \iota, \Omega, \omega, M_0) = \sqrt{\mu p} \tag{6.25}$$

$$\psi(r, \theta, R, \dot{r}, \dot{\theta}, \dot{R}) = r^2 \dot{\theta} \tag{6.26}$$

根据上述构造，利用式 (6.14)，我们得到

$$\frac{\mu}{2\sqrt{\mu p}} \left[(1 - e^2) \frac{\mathrm{d}a}{\mathrm{d}t} - 2ae \frac{\mathrm{d}e}{\mathrm{d}t} \right] = rT \tag{6.27}$$

$$\frac{\mathrm{d}e}{\mathrm{d}t} = \frac{\sqrt{1 - e^2}}{na} \left[\sin f S + (\cos f + \cos E) T \right] \tag{6.28}$$

我们再根据角动量守恒，基于任意坐标系 (2.200)

$$\boldsymbol{r} \times \dot{\boldsymbol{r}} = h \begin{pmatrix} \sin \iota \sin \Omega \\ -\sin \iota \cos \Omega \\ \cos \iota \end{pmatrix} \tag{6.29}$$

利用 x 和 y 分量构造两个 ψ

$$h \sin \iota \sin \Omega = y\dot{z} - z\dot{y} \tag{6.30}$$

$$-h \sin \iota \cos \Omega = z\dot{x} - x\dot{z} \tag{6.31}$$

利用式 (6.14)，我们得到

$$\frac{\mu}{2\sqrt{\mu p}} \left[(1 - e^2) \frac{\mathrm{d}a}{\mathrm{d}t} - 2ae \frac{\mathrm{d}e}{\mathrm{d}t} \right] \sin \iota \sin \Omega + h \cos \iota \frac{\mathrm{d}\iota}{\mathrm{d}t} \sin \Omega + h \sin \iota \cos \Omega \frac{\mathrm{d}\Omega}{\mathrm{d}t}$$

$$= yF_{ez} - zF_{ey} = (\boldsymbol{r} \times \boldsymbol{F}_e)_x \tag{6.32}$$

$$- \frac{\mu}{2\sqrt{\mu p}} \left[(1 - e^2) \frac{\mathrm{d}a}{\mathrm{d}t} - 2ae \frac{\mathrm{d}e}{\mathrm{d}t} \right] \sin \iota \cos \Omega - h \cos \iota \frac{\mathrm{d}\iota}{\mathrm{d}t} \cos \Omega + h \sin \iota \sin \Omega \frac{\mathrm{d}\Omega}{\mathrm{d}t}$$

$$= zF_{ex} - xF_{ez} = (\boldsymbol{r} \times \boldsymbol{F}_e)_y \tag{6.33}$$

注意到式 (6.27)，上述方程可化简为

$$rT \sin \iota \sin \Omega + h \cos \iota \frac{\mathrm{d}\iota}{\mathrm{d}t} \sin \Omega + h \sin \iota \cos \Omega \frac{\mathrm{d}\Omega}{\mathrm{d}t} = (\boldsymbol{r} \times \boldsymbol{F}_e)_x \tag{6.34}$$

$$-rT \sin \iota \cos \Omega - h \cos \iota \frac{\mathrm{d}\iota}{\mathrm{d}t} \cos \Omega + h \sin \iota \sin \Omega \frac{\mathrm{d}\Omega}{\mathrm{d}t} = (\boldsymbol{r} \times \boldsymbol{F}_e)_y \tag{6.35}$$

我们接下来计算上述方程的右边，

$$\boldsymbol{r} \times \boldsymbol{F}_e = r\hat{r} \times (S\hat{r} + T\hat{\theta} + W\hat{R}) = rT\hat{R} - rW\hat{\theta} \tag{6.36}$$

使用式 (2.200) 附近的记号，利用极坐标和直角坐标的关系我们有

$$\hat{r} = \frac{1}{r}(x\hat{e}_x + y\hat{e}_y) \tag{6.37}$$

$$\hat{\theta} = \frac{1}{r}(x\hat{e}_y - y\hat{e}_x) \tag{6.38}$$

$$\hat{R} = \hat{e}_z \tag{6.39}$$

使用式 (2.200) 附近的计算结果我们有

$$\hat{e}_x = (\cos \omega \cos \Omega - \cos \iota \sin \omega \sin \Omega)\hat{e}'_x + (\cos \omega \sin \Omega + \cos \iota \cos \Omega \sin \omega)\hat{e}'_y$$
$$+ \sin \iota \sin \omega \hat{e}'_z \tag{6.40}$$

$$\hat{e}_y = -(\cos \iota \cos \omega \sin \Omega + \cos \Omega \sin \omega)\hat{e}'_x + (\cos \iota \cos \omega \cos \Omega - \sin \omega \sin \Omega)\hat{e}'_y$$
$$+ \cos \omega \sin \iota \hat{e}'_z \tag{6.41}$$

$$\hat{e}_z = \sin \iota \sin \Omega \hat{e}'_x - \cos \Omega \sin \iota \hat{e}'_y + \cos \iota \hat{e}'_z \tag{6.42}$$

利用上述关系，回到我们本节使用的记号，在任意坐标系对应的直角坐标系下我们有

$$\boldsymbol{r} \times \boldsymbol{F}_e = \begin{pmatrix} rT \sin \iota \sin \Omega + rW[\cos \Omega \sin(\omega + f) + \sin \Omega \cos(\omega + f) \cos \iota] \\ -rT \sin \iota \cos \Omega + rW[\sin \Omega \sin(\omega + f) - \cos \Omega \cos(\omega + f) \cos \iota] \\ rT \cos \iota - rW \cos(\omega + f) \sin \iota \end{pmatrix}$$

$$\tag{6.43}$$

作业

计算验证式 (6.43)。

把式 (6.43) 代入到式 (6.34) 和式 (6.35)，求解 $\dfrac{\mathrm{d}\iota}{\mathrm{d}t}$ 和 $\dfrac{\mathrm{d}\Omega}{\mathrm{d}t}$ 我们得到

$$\frac{\mathrm{d}\iota}{\mathrm{d}t} = \frac{r\cos(\omega + f)}{na^2\sqrt{1 - e^2}}W \tag{6.44}$$

$$\frac{\mathrm{d}\Omega}{\mathrm{d}t} = \frac{r\sin(\omega + f)}{na^2\sqrt{1 - e^2}\sin\iota}W \tag{6.45}$$

我们再根据拉普拉斯积分守恒量 (2.95)，基于任意坐标系 (2.200)

$$-\mu\boldsymbol{e} = -\mu\hat{e}_x = -\mu\begin{pmatrix} \cos\omega\cos\Omega - \cos\iota\sin\omega\sin\Omega \\ \cos\omega\sin\Omega + \cos\iota\cos\Omega\sin\omega \\ \sin\iota\sin\omega \end{pmatrix} \tag{6.46}$$

$$\boldsymbol{h}\times\dot{\boldsymbol{r}} + \mu\frac{\boldsymbol{r}}{r} = (\boldsymbol{r}\times\dot{\boldsymbol{r}})\times\dot{\boldsymbol{r}} + \mu\frac{\boldsymbol{r}}{r} = \dot{\boldsymbol{r}}(\dot{\boldsymbol{r}}\cdot\boldsymbol{r}) - \boldsymbol{r}(\dot{\boldsymbol{r}}\cdot\dot{\boldsymbol{r}}) + \mu\frac{\boldsymbol{r}}{r}$$

$$= \begin{pmatrix} -x(\dot{x}^2 + \dot{y}^2 + \dot{z}^2) + \dot{x}(x\dot{x} + y\dot{y} + z\dot{z}) + \mu\dfrac{x}{\sqrt{x^2 + y^2 + z^2}} \\[2mm] -y(\dot{x}^2 + \dot{y}^2 + \dot{z}^2) + \dot{y}(x\dot{x} + y\dot{y} + z\dot{z}) + \mu\dfrac{y}{\sqrt{x^2 + y^2 + z^2}} \\[2mm] -z(\dot{x}^2 + \dot{y}^2 + \dot{z}^2) + \dot{z}(x\dot{x} + y\dot{y} + z\dot{z}) + \mu\dfrac{z}{\sqrt{x^2 + y^2 + z^2}} \end{pmatrix} \tag{6.47}$$

利用 z 分量构造 ψ 得到

$$\mu\sin\iota\sin\omega = z\dot{x}^2 + z\dot{y}^2 - x\dot{x}\dot{z} - y\dot{y}\dot{z} - \mu\frac{z}{\sqrt{x^2 + y^2 + z^2}} \tag{6.48}$$

利用式 (6.14)，我们得到

$$\mu\cos\iota\frac{\mathrm{d}\iota}{\mathrm{d}t}\sin\omega + \mu\sin\iota\cos\omega\frac{\mathrm{d}\omega}{\mathrm{d}t}$$

$$= 2z\dot{x}\boldsymbol{F}_{ex} + 2z\dot{y}\boldsymbol{F}_{ey} - x\dot{z}\boldsymbol{F}_{ex} - x\dot{x}\boldsymbol{F}_{ez} - y\boldsymbol{F}_{ey}\dot{z} - y\dot{y}\boldsymbol{F}_{ez} \tag{6.49}$$

再联立之前的式 (6.44) 等结果，我们可以得到

$$\frac{\mathrm{d}\omega}{\mathrm{d}t} = \frac{\sqrt{1 - e^2}}{nae}\left[-S\cos f + T\left(1 + \frac{r}{p}\right)\sin f\right] - W\cos\iota\frac{r\sin(\omega + f)}{na^2\sin\iota\sqrt{1 - e^2}} \tag{6.50}$$

至此，我们已经得到五个轨道根数的摄动方程。最后关于 M 或者说 M_0，它实质上是二体问题初始位置的信息，与守恒量无关。所以我们不能用前述构造 ψ 的办法来寻找关于它的摄动方程。既然是关于初始位置的问题，我们就从位置函数来考虑。根据常数变易法的特点，我们知道受摄二体问题位置函数关于轨道根数的函数形式同真正的二体问题一样，速度函数也有类似性质，所以根据式 (2.171) 和式 (6.20) 有

$$r = a(1 - e\cos E) \tag{6.51}$$

$$\dot{r} = \sqrt{\frac{\mu}{a(1 - e^2)}}\, e\sin f \tag{6.52}$$

这里的 E 和 f 分别是偏近点角和真近点角。椭圆中这两个角度的几何关系一直存在 (参见图 2.10)

$$\cos f = \frac{\cos E - e}{1 - e\cos E} \tag{6.53}$$

$$\sin f = \sqrt{1 - e^2}\,\frac{\sin E}{1 - e\cos E} \tag{6.54}$$

注意到现在 a, e, E, f 都是时间的函数，由 (6.51) 我们有

$$\dot{r} = (1 - e\cos E)\frac{\mathrm{d}a}{\mathrm{d}t} - a\cos E\frac{\mathrm{d}e}{\mathrm{d}t} + ae\sin E\frac{\mathrm{d}E}{\mathrm{d}t} \tag{6.55}$$

再结合式 (6.52) 和式 (6.54) 以及式 (6.23) 和式 (6.28) 我们可以得到 $\dfrac{\mathrm{d}E}{\mathrm{d}t}$。再结合开普勒方程 $M = E - e\sin E$ 对应的导数关系

$$\frac{\mathrm{d}M}{\mathrm{d}t} = (1 - e\cos E)\frac{\mathrm{d}E}{\mathrm{d}t} - \sin E\frac{\mathrm{d}e}{\mathrm{d}t} \tag{6.56}$$

我们可得

$$\begin{aligned}
\frac{\mathrm{d}M}{\mathrm{d}t} &= n - \frac{1 - e^2}{nae}\left[-S\left(\cos f - 2e\frac{r}{p}\right) + T\sin f\left(1 + \frac{r}{p}\right)\right] \\
&= n - \frac{1 - e^2}{nae}\left[-S\left(\cos f - 2e\frac{1}{1 + e\cos f}\right) + T\sin f\left(1 + \frac{1}{1 + e\cos f}\right)\right]
\end{aligned} \tag{6.57}$$

至此我们已得到所有轨道根数的摄动方程。从这些摄动方程我们还可以发现，任意方向的摄动力都会改变 ω，但只有垂直于轨道平面的摄动力才能改变 ι 和 Ω；只有躺在轨道平面内的摄动力才能改变 a, e 和 M。

6.5　从 *STW* 型摄动方程到 *UNW* 型摄动方程

阻力往往与速度反向，所以在考虑阻力型摄动力时选用速度切向 ($\hat{v}$)、速度法向 ($\hat{w}$) 和轨道面法向来展开摄动力更方便。我们记摄动力在这三个方向的分量分别为 U，N 和 W，即 (参考图 6.2)

$$\boldsymbol{F}_e = U\hat{v} + N\hat{w} + W\hat{R} = S\hat{r} + T\hat{\theta} + W\hat{R} \tag{6.58}$$

如图 6.2假设 $\hat{v}$ 与 $\hat{r}$ 的夹角为 α，则有

$$\cos\alpha = \frac{\boldsymbol{r} \cdot \dot{\boldsymbol{r}}}{r\dot{r}} \tag{6.59}$$

$$\sin\alpha = \frac{|\boldsymbol{r} \times \dot{\boldsymbol{r}}|}{r\dot{r}} \tag{6.60}$$

利用轨道坐标系对应的直角坐标系我们有

$$\boldsymbol{r} = \begin{pmatrix} r\cos f \\ r\sin f \\ 0 \end{pmatrix} \tag{6.61}$$

$$\dot{\boldsymbol{r}} = \begin{pmatrix} -h\sin f/p \\ h(e+\cos f)/p \\ 0 \end{pmatrix} \tag{6.62}$$

所以有

$$\cos\alpha = \frac{e\sin f}{\sqrt{1 + 2e\cos f + e^2}} \tag{6.63}$$

$$\sin\alpha = \frac{1 + e\cos f}{\sqrt{1 + 2e\cos f + e^2}} \tag{6.64}$$

显然 $(\hat{r}, \hat{\theta})$ 旋转 α 即得到 $(\hat{v}, \hat{w})$，所以

$$S = U\cos\alpha - N\sin\alpha \tag{6.65}$$

$$T = U\sin\alpha + N\cos\alpha \tag{6.66}$$

把上述关系代入到 6.4 节我们得到的 *STW* 型摄动方程，就可以得到 *UNW* 型摄动方程

$$\frac{\mathrm{d}a}{\mathrm{d}t} = \frac{2}{n\varGamma}U \tag{6.67}$$

$$\frac{\mathrm{d}e}{\mathrm{d}t} = \frac{\Gamma}{na}\left[2U(e + \cos f) - N\beta\sin E\right] \tag{6.68}$$

$$\frac{\mathrm{d}\iota}{\mathrm{d}t} = W\frac{\beta}{na}\frac{\cos(\omega + f)}{1 + e\cos f} \tag{6.69}$$

$$\frac{\mathrm{d}\Omega}{\mathrm{d}t} = W\frac{\beta}{na}\frac{\sin(\omega + f)}{1 + e\cos f}\csc\iota \tag{6.70}$$

$$\frac{\mathrm{d}\omega}{\mathrm{d}t} = \frac{\Gamma}{nae}\left[2U\sin f + N(e + \cos E) - \dot{\Omega}\cos\iota\right] \tag{6.71}$$

$$\frac{\mathrm{d}M}{\mathrm{d}t} = n - \frac{\beta\Gamma}{nae}\left[-2U\left(1 + \frac{e^2}{1 + e\cos f}\right)\sin f + N(e - \cos E)\right] \tag{6.72}$$

其中，$\beta \equiv \sqrt{1 - e^2}$，$\Gamma \equiv \dfrac{\sqrt{1 - e^2}}{\sqrt{1 + 2e\cos f + e^2}}$。

6.6　保守力型摄动方程

如果摄动力是保守力，则很多时候摄动力以势函数的形式出现 $\boldsymbol{F}_e = \nabla R$。这里的 R 被称作摄动函数。联系到轨道坐标系，我们有

$$S = \frac{\partial R}{\partial r} \tag{6.73}$$

$$T = \frac{1}{r}\frac{\partial R}{\partial \theta} \tag{6.74}$$

$$W = \frac{\partial R}{\partial z} \tag{6.75}$$

把上述关系代入到 STW 型摄动方程我们就可以得到保守力型摄动方程。但我们再一次遇到方程不封闭的问题。C_j 是未知量，方程中出现了未知量 r, θ, z 的导数。我们需要把这些导数换成对轨道根数的导数。为此我们考虑

$$\frac{\partial R}{\partial C_j} = \frac{\partial R}{\partial \boldsymbol{r}} \cdot \frac{\partial \boldsymbol{r}}{\partial C_j} = \nabla R \cdot \frac{\partial \boldsymbol{r}}{\partial C_j} = \boldsymbol{F}_e \cdot \frac{\partial \boldsymbol{r}}{\partial C_j} \tag{6.76}$$

使用任意坐标系对应的直角坐标系表出 $\boldsymbol{F}_e$ 和 $\boldsymbol{r}$，我们可以直接计算得到

$$\begin{aligned}
\frac{\partial R}{\partial C_j} =& S\frac{\partial r}{\partial C_j} + rT\left(\cos\iota\frac{\partial\Omega}{\partial C_j} + \frac{\partial(\omega + f)}{\partial C_j}\right) \\
&+ rW\left(\sin(\omega + f)\frac{\partial\iota}{\partial C_j} - \sin\iota\cos(\omega + f)\frac{\partial\Omega}{\partial C_j}\right)
\end{aligned} \tag{6.77}$$

具体地我们得到

$$\frac{\partial R}{\partial a} = \frac{r}{a} S \tag{6.78}$$

$$\frac{\partial R}{\partial e} = -aS\cos f + r\left(\frac{1}{1-e^2} + \frac{r}{a}\right)T\sin f \tag{6.79}$$

$$\frac{\partial R}{\partial \iota} = rW\sin(\omega + f) \tag{6.80}$$

$$\frac{\partial R}{\partial \Omega} = rT\cos\iota - rW\cos(\omega + f)\sin\iota \tag{6.81}$$

$$\frac{\partial R}{\partial \omega} = rT \tag{6.82}$$

$$\frac{\partial R}{\partial M} = \frac{aq}{\sqrt{1-e^2}}S\sin f + \frac{a^2\sqrt{1-e^2}}{r}T \tag{6.83}$$

根据上述关系用 $\dfrac{\partial R}{\partial C_j}$ 把 S, T, W 表出，代入 STW 型摄动方程可以得到

$$\frac{\mathrm{d}a}{\mathrm{d}t} = \frac{2}{na}\frac{\partial R}{\partial M} \tag{6.84}$$

$$\frac{\mathrm{d}e}{\mathrm{d}t} = \frac{1-e^2}{na^2 e}\frac{\partial R}{\partial M} - \frac{\sqrt{1-e^2}}{na^2 e}\frac{\partial R}{\partial \omega} \tag{6.85}$$

$$\frac{\mathrm{d}\iota}{\mathrm{d}t} = \frac{1}{na^2\sqrt{1-e^2}\sin\iota}\left(\cos\iota\frac{\partial R}{\partial \omega} - \frac{\partial R}{\partial \Omega}\right) \tag{6.86}$$

$$\frac{\mathrm{d}\Omega}{\mathrm{d}t} = \frac{1}{na^2\sqrt{1-e^2}\sin\iota}\frac{\partial R}{\partial \iota} \tag{6.87}$$

$$\frac{\mathrm{d}\omega}{\mathrm{d}t} = \frac{\sqrt{1-e^2}}{na^2 e}\frac{\partial R}{\partial e} - \cos\iota\frac{\mathrm{d}\Omega}{\mathrm{d}t} \tag{6.88}$$

$$\frac{\mathrm{d}M}{\mathrm{d}t} = n - \frac{1-e^2}{na^2 e}\frac{\partial R}{\partial e} - \frac{2}{na}\frac{\partial R}{\partial a} \tag{6.89}$$

这组摄动方程也被称为拉格朗日型摄动方程，而前述的 STW 型摄动方程和 UNW 型摄动方程被称为高斯型摄动方程。

6.7　摄动方程的奇点问题

无论是在高斯型摄动方程中还是在拉格朗日型摄动方程中，我们都会发现方程右端分母中出现了 e 和 $\sin\iota$。也就是说当 $e = 0$ 或者 $\iota = 0, \pi$ 时某些轨道根数

的时间导数变成无穷大! 这些看似奇怪的行为实际上是相应物理量失去意义造成的。比如说，当 $e = 0$ 时，即圆轨道，近星点就不再有意义，所以 ω 就不再有意义，因此其对应方程变得奇异。当 $\iota = 0, \pi$ 时，轨道平面与坐标 x-y 重合，升交点不再有意义，所以 Ω 不再有意义，因此其对应方程变得奇异。正因为此，$e = 0$ 和 $\iota = 0, \pi$ 被称为摄动方程的奇点，但它们不是本质奇点。我们可以通过适当的变量代换来消除这些奇点。由于新的变量物理意义不如原有变量明晰，所以除非受摄二体问题本身处在奇点附近，否则我们更情愿使用原有的变量。

6.8 受摄二体问题举例

6.8.1 太阳质量变化

当太阳辐射时，其质量按 $M = M_0 - gt$ 的变化规律减小，其中 M_0 和 g 为常数，若不考虑其他摄动，行星的轨道根数将怎样变化?

$$
\begin{aligned}
\boldsymbol{F} &= -\frac{GM}{r^2}\hat{r} \\
&= -\frac{G(M_0 - gt)}{r^2}\hat{r} \\
&= \boldsymbol{F}_0 + \boldsymbol{F}_e
\end{aligned}
\tag{6.90}
$$

$$
\boldsymbol{F}_e = \frac{Ggt}{r^2}\hat{r}
\tag{6.91}
$$

所以，对应 STW 型摄动方程有

$$
S = \frac{Ggt}{r^2} = \frac{Ggt(1 + e\cos f)^2}{a^2(1 - e^2)^2}
\tag{6.92}
$$

$$
T = W = 0
\tag{6.93}
$$

因而有

$$
\frac{\mathrm{d}a}{\mathrm{d}t} = \frac{2e\sin f}{n\sqrt{1 - e^2}}\frac{Ggt(1 + e\cos f)^2}{a^2(1 - e^2)^2}
\tag{6.94}
$$

$$
\frac{\mathrm{d}e}{\mathrm{d}t} = \frac{\sin f}{n}\frac{Ggt(1 + e\cos f)^2}{\left(a\sqrt{1 - e^2}\right)^3}
\tag{6.95}
$$

$$
\frac{\mathrm{d}\iota}{\mathrm{d}t} = 0
\tag{6.96}
$$

$$
\frac{\mathrm{d}\Omega}{\mathrm{d}t} = 0
\tag{6.97}
$$

$$\frac{\mathrm{d}\omega}{\mathrm{d}t} = -\frac{\cos f}{ne}\frac{Ggt(1+e\cos f)^2}{\left(a\sqrt{1-e^2}\right)^3} \tag{6.98}$$

$$\frac{\mathrm{d}M}{\mathrm{d}t} = n + \frac{1-e^2}{nae}\left(\cos f - \frac{2e}{1+e\cos f}\right) \tag{6.99}$$

6.8.2 大气阻力

人造卫星在地球大气中运动时，受到的阻尼加速度为

$$\boldsymbol{F}_e = -\frac{1}{2m}\xi S\rho v^2\hat{v} \tag{6.100}$$

其中，m 为卫星质量，ξ 为大气阻尼系数；S 为卫星有效横截面积；ρ 为当地大气密度；v 是卫星与大气的相对运动速度，$\hat{v}$ 是其方向。显然，我们使用 UNW 型摄动方程是最直接的：

$$U = -\frac{1}{2m}\xi S\rho v^2, \quad N = W = 0 \tag{6.101}$$

再注意到

$$v^2 = \dot{r}^2 + (r\dot{\theta})^2 \tag{6.102}$$

并利用式 (6.20) 和式 (6.22)，我们得到

$$v^2 = \frac{\mu}{a(1-e^2)}(1+e^2+2e\cos f) \tag{6.103}$$

再利用开普勒第三运动定律 $\mu = n^2a^3$，于是

$$U = -\xi S\rho\frac{n^2a^2}{2m(1-e^2)}(1+e^2+2e\cos f) \tag{6.104}$$

代入 UNW 型摄动方程 (6.67) ～ 方程 (6.72)，由此我们可以得到摄动方程

$$\frac{\mathrm{d}a}{\mathrm{d}t} = -\xi\rho\frac{Sna^2(1+2e\cos f+e^2)^{3/2}}{me(1-e^2)^{3/2}} \tag{6.105}$$

$$\frac{\mathrm{d}e}{\mathrm{d}t} = -\xi\rho\frac{Sna(1+2e\cos f+e^2)^{1/2}}{me(1-e^2)^{1/2}}(e+\cos f) \tag{6.106}$$

$$\frac{\mathrm{d}\iota}{\mathrm{d}t} = 0 \tag{6.107}$$

$$\frac{\mathrm{d}\Omega}{\mathrm{d}t} = 0 \tag{6.108}$$

$$\frac{\mathrm{d}\omega}{\mathrm{d}t} = -\xi\rho\frac{Sna\sqrt{1+2e\cos f+e^2}}{me\sqrt{1-e^2}}\sin f \tag{6.109}$$

$$\frac{\mathrm{d}M}{\mathrm{d}t} = n + \xi\rho\frac{Sna\sqrt{1+2e\cos f+e^2}}{me(1+e\cos f)}(1+e\cos f+e^2)\sin f \tag{6.110}$$

上述摄动方程表明 $\dfrac{\mathrm{d}a}{\mathrm{d}t} < 0$, 即大气阻尼使得卫星的轨道半径减小。

参 考 文 献

[1] 郑学塘, 倪彩霞. 天体力学和天文动力学. 北京: 北京师范大学出版社, 1987.

[2] 易照华. 天体力学基础. 南京: 南京大学出版社, 1993.

[3] 刘林. 天体力学方法. 南京: 南京大学出版社, 1998.

[4] 迈克尔·索菲, 韩文标. 相对论天体力学和天体测量学. 北京: 科学出版社, 2015.

[5] Mbarek S, Paranjape M B. Negative mass bubbles in de sitter spacetime. Phys. Rev. D, 2014, 90: 101502.

[6] 李广宇. 天体测量和天体力学基础. 北京: 科学出版社, 2015.

[7] Kopeikin S, Vlasov I, Han W B. Normal gravity field in relativistic geodesy. Phys. Rev. D, 2018, 97(4): 045020.